# 煤矿安全事故的人因分析

陈兆波 著

本书受到教育部人文社会科学项目"煤矿作业人员的情景意识可靠性及改善策略研究"（15YJC630012）、山西省自然科学基金项目"煤矿安全事故的人因分析与数据模型研究"（2015021098）、山西省晋城科技项目"基于物联网体系的煤炭安全大数据平台研究"（20155002）的资助。

U0313372

科学出版社

北 京

# 内 容 简 介

本书针对煤炭行业的特殊性,以人因分析与分类系统为理论基础,从煤矿安全事故的人因分析与分类系统模型、事故人因的分析方法、事故深层次人因的推理方法、煤矿安全事故数据库的建立和利用、作业人员不安全行为的干预、人因的可靠性等方面展开了系统的研究,建立了一套比较完整的煤矿安全人因分析框架,为煤矿安全事故数据的利用以及事故发生机理的研究提供一定的理论支撑。

本书将理论推理与实证分析紧密结合,内容适应多层次的读者群体,可作为高等院校煤矿安全相关专业研究生和高年级本科生的教材,也可供煤矿安全从业人员以及相关科研工作者参考。

**图书在版编目(CIP)数据**

煤矿安全事故的人因分析 /陈兆波著. —北京:科学出版社,2018.1
ISBN 978-7-03-054515-2

Ⅰ. ①煤… Ⅱ. ①陈… Ⅲ. ①煤矿-矿山事故-人为失误-事故分析 Ⅳ. ①TD77

中国版本图书馆 CIP 数据核字(2017)第 227101 号

责任编辑:马 跃 / 责任校对:王晓茜
责任印制:吴兆东 / 封面设计:无极书装

科 学 出 版 社 出版
北京东黄城根北街 16 号
邮政编码:100717
http://www.sciencep.com

北京京华虎彩印刷有限公司 印刷
科学出版社发行 各地新华书店经销

\*

2018 年 1 月第 一 版 开本:720×1000 B5
2018 年 1 月第一次印刷 印张:11 1/2
字数:221 000
**定价:78.00 元**
(如有印装质量问题,我社负责调换)

# 前　言

随着中国能源结构的持续改进，煤炭在我国一次能源中所占的比重逐年下降，但在未来较长时间内，煤炭仍将扮演中国主要能源角色，煤炭工业的健康发展是关乎经济可持续发展的重大问题。特殊的生产环境使煤矿事故的发生率远超过其他行业。随着我国煤矿安全政策的不断推出和安全装备等投入的增多，煤矿安全状态有了明显的改善，但较其他国家仍存在较大差距，煤炭行业的安全形势仍非常严峻。2014 年 8 月 31 日第十二届全国人大常委会第十次会议表决通过的《全国人民代表大会常务委员会关于修改〈中华人民共和国安全生产法〉的决定》将以人为本、安全生产写在法治的旗帜上，标志着煤矿安全生产将作为行业发展的硬性约束长期存在。采取科学、系统、完善的措施改善我国煤矿的安全状况、减少各类安全事故的发生，既是煤矿安全需要解决的迫切问题，也是历史发展的必然趋势。

安全生产是煤炭企业的头等大事。根据安全系统工程理论，煤矿事故属于矿井生产系统运行过程中失去控制的动态事件。一起具体事故的发生具有一定的偶然性，但是大量事故的统计结果却呈现出明显的规律性。大量的研究表明，绝大多数的煤矿安全事故是由不安全的行为造成的。

太原科技大学工业与系统工程研究所依托承担的国家自然科学基金"煤矿安全事故失信分析方法及预防技术"（41272374）、国家自然科学基金"煤矿安全事故致因及对策分析"（41140026）、国家自然科学基金委员会-中国工程院工程科技发展战略研究联合基金"支撑煤矿防灾救灾能力的信息科学技术发展战略"（U0970124）、教育部人文社会科学项目"煤矿作业人员的情景意识可靠性及改善策略研究"（15YJC630012）、山西省自然科学基金"煤矿安全事故的人因分析与数据模型研究"（2015021098）等项目，从人因角度对煤矿安全事故进行了深入的分析，取得了一系列的研究成果。

本书围绕煤矿安全事故的人因分析，以人因分析与分类系统为基础理论，针对煤矿行业的特殊性，从煤矿安全事故的人因分析与分类系统模型、事故人因的分析方法、事故深层次人因的推理方法、煤矿安全事故数据库的建立和利用、不安全行为的干预、人因的可靠性等方面展开研究，建立了一套较完整的煤矿安全事故人因分析方法，对煤矿安全事故的分析以及煤矿安全事故数据的利用具有一定的参考意义，从而为煤矿安全从业者和相关的科研工作者提供参考。

全书内容分为 10 章。

第 1 章：绪论，简要介绍相关的事故人因分析的研究现状，就煤矿安全事故人因分析提出亟待解决的问题。

第 2 章：在介绍"瑞士奶酪"模型和 HFACS 模型的基础上，通过对近年来煤炭安全事故报告的整理，建立煤矿安全事故的人因分析与分类系统模型，并通过煤矿安全事故的表现形式阐述指标的内涵。

第 3 章：在设计基于 HFACS 的煤矿安全事故人因分析方法的基础上，利用群决策的相关理论，设计基于群决策的煤矿安全事故人因分析结果一致化方法。

第 4 章：通过构建煤矿安全事故人因的贝叶斯网络模型，找出导致煤矿事故发生的深层次原因，从而弥补现有事故调查报告的缺陷。

第 5 章：将煤矿安全事故的设备因素、环境因素、煤矿安全事故的人因分析与分类系统模型相结合，构建煤矿安全事故的致因模型。

第 6 章：在构建的煤矿安全事故致因模型基础上，设计煤矿安全事故的数据库系统，为有效利用煤矿安全事故"大数据"奠定基础。

第 7 章：基于建立的煤矿安全事故数据库系统，利用关联规则数据挖掘方法从瓦斯事故的致因数据中挖掘煤矿瓦斯事故的致因链。

第 8 章：利用卡方检验和灰色关联分析两种方法分析重大煤矿安全事故和一般安全事故产生的原因。

第 9 章：在构建人因干预矩阵模型的基础上，评价煤矿安全政策和技术对不安全行为的抑制作用。

第 10 章：从情景意识的角度研究煤矿作业人员不安全行为的影响因素。

本书的完成得到了中北大学副校长曾建潮教授的鼎力帮助，是曾建潮教授引导我进入"煤矿安全事故的人因分析"领域，让我迅速对该课题产生了兴趣，日常的点点滴滴，让我感受到了他对学术的敬畏，懂得了对所热爱的事业应有的态度，感谢曾建潮教授对我的悉心指导和无微不至的关怀。本书的完成还得到了中北大学乔钢柱教授和太原科技大学工业与系统工程研究所李亨英教授及太原科技大学经济与管理学院各位同仁的大力支持。研究生阴东玲、张宏丽、穆雅丽、郝丽萍、乔楠、刘媛媛、雷煜斌等同学在本书的完成过程中也提供了许多帮助，在此一并致以诚挚的谢意。

本书的研究工作得到了教育部人文社会科学项目"煤矿作业人员的情景意识可靠性及改善策略研究"（15YJC630012）、山西省自然科学基金项目"煤矿安全事故的人因分析与数据模型研究”（2015021098）、国家自然科学基金项目“煤矿安全事故失信分析方法及预防技术”（41272374）、山西省晋城科技项目“基于物联网体系的煤炭安全大数据平台研究”（20155002）的资助，在此谨向有关部门表示深深的感谢并致以敬意。

　　由于作者水平有限，书中难免有不妥之处，恳请各位专家和广大读者给予批评指正。

# 目　　录

# 第1章 绪 论

近年来，随着煤矿安全政策的不断推出和安全装备投入的增多，我国煤矿生产的安全状况有了明显的改善，煤矿安全事故起数和死亡人数逐年降低，2016年百万吨死亡率降至 0.156，同比下降 3.7%，但是与其他先进采煤国还有很大的差距。例如，2002 年以来，美国的百万吨死亡率一直控制在 0.03 以下；澳大利亚的百万吨死亡率约为 0.014。2004~2015 年，我国煤矿事故死亡人数以及百万吨死亡率如图 1-1 所示。

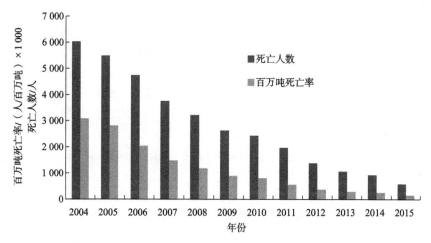

图 1-1 我国煤矿死亡人数和百万吨死亡率统计

因此，我国煤炭生产的安全形势依然非常严峻。尤其是 2017 年以来，全国已经发生多起重大煤矿安全事故。2 月 9 日，黑龙江省龙煤集团双鸭山矿业公司东荣二矿副立井采用多绳摩擦轮绞车罐笼提升，没有安设防坠器，立井电缆着火后，钢丝绳断裂引发坠罐，造成罐笼中的 17 人死亡。同日，山西省长治市长治联盛煤业公司井下发生顶板事故，造成 3 人死亡、2 人受伤。2 月 14 日，湖南省娄底市涟源市祖保煤矿暗主斜井超负荷串车提煤时发生跑车，并引发井筒内煤尘爆炸，造成 10 人死亡。3 月 10 日，河南省鹤壁煤电股份有限公司第十煤矿发生透水事故，加之井下水泵出现故障，导致矿井被淹，幸未造成人员伤亡。

我国煤矿资源分布广泛，虽然有像神华大柳塔、兖州济宁三矿这样自然条件非常好的矿井，但大部分的煤矿存在地质构造复杂、倾角大、煤层薄、煤层不稳定、瓦斯涌出量大的特点。据统计，国有重点煤矿地质构造属于复杂或极复杂的占到1/3以上；高瓦斯矿井占26.8%，煤与瓦斯突出矿井占17.6%。特殊的生产环境致使煤矿事故的发生率为其他行业的 7~10 倍[1]，煤矿行业的安全生产问题受到国家和社会的广泛关注。

煤矿安全事故是多种因素综合作用的结果，这些因素不同的作用方式，形成了事故的具体特征。对一起具体的煤矿事故，其发生具有一定的偶然性，但是大量煤矿事故的某些因素却具有一定的再现性，表征事故的参数符合一定的统计规律。因此，如何从煤矿安全事故"大数据"中挖掘其内在规律性和潜在因素，以提高安全管理水平、实现煤矿的安全生产是值得研究的重要问题。已有的研究表明，我国导致煤矿安全事故发生的直接或间接原因中，人因所占比率高达97.67%[2]。因此，从人因角度研究煤矿生产中的不安全行为，对减少我国煤矿事故的发生具有非常重要的作用。

到目前为止，安全事故的人因分析主要都是基于某种分析模型（即便是最简单的因果模型），挖掘事故发生的内在规律，其中以两类模型最具代表性，一类是以 Rasmussen 提出的 skill-rule-knowledge（技能–规则–知识模型）[3]和 Reason 提出的 generic error modelling system（通用差错模型）[4]为代表的强调个体不安全行为的分析模型；另一类是以"瑞士奶酪"[5]和 SHEL［software（S），hardware（H），environment（E），liveware（L）］模型[6]为代表的强调系统、组织和个体不安全行为之间关系的分析模型。

目前，人因分析与分类系统（the human factors analysis and classification system，HFACS）[7]和系统事件分析方法（systematic occurrence analysis method-ology，SOAM）[8]是目前应用最广泛的两种安全事故人因分析模型，并且它们都是以"瑞士奶酪"为核心理念，研究系统、组织和个体不安全行为之间关系的人因分析模型。其中，SOAM 是在"瑞士奶酪"模型概念的基础上结合 SHEL 模型提出的事故人因分析模型，主要分析事故不安全行为的贡献因素。HFACS 是在 Reason 的"瑞士奶酪"模型的基础上，从组织的影响（organizational influences）、不安全的监督（unsafe supervision）、不安全行为的前提条件（preconditions for unsafe acts）及不安全行为（unsafe acts）四个层次对事故产生的原因进行详细分解，是从人因角度建立的一个更为全面的事故原因分析和分类模型[9]。与 SOAM 不同，HFACS 主要集中于不安全行为及其潜在条件的分析和分类上，其指标和分类较全面地描述了安全事故中涉及组织、个人的所有不安全行为。目前，HFACS 已被美国空军和航空管理局作为事故分析和评价事故预防方案的指定工具与方法[10, 11]。

HFACS 提出后引起了相关领域学者的广泛关注，目前，HFACS 分析框架已经被广泛地应用到航空、煤炭、铁路及医疗等行业的安全事故调查中，成为分析安全事故原因的重要工具之一。

在航空领域，Shappell 等利用 HFACS，通过五名分析人员独立地分析了 1990~1998 年发生的 1 407 次可控飞行撞地（controlled flight into terrain，CFIT）与非 CFIT 事故，研究表明在 CFIT 事故中人的差错形式差异性较大[9]。Wiegmann 和 Shappell 利用从美国国家运输安全委员会和美国联邦航空局的航空安全数据分析中心（National Aviation Safety Date Analysis Center，NASDAC）数据库中获得 1990~2001 年的通用航空事故数据，利用 HFACS 分析了事故中的不安全的行为，研究发现不安全行为中比例最高的是技能差错（69%），然后是决策差错（31%）、知觉差错（26%）和违规（15%）[12]。Shappell 等利用 HFACS 在对 1990 年 1 月至 1996 年 12 月发生的商业航空事故分析的基础上，研究了 HFACS 框架作为军事以外的事故原因分析和分类工具的适用性[13]。此项研究说明 HFACS 不但可以用于安全事故原因的分析中，还可以通过分析为管理部门提供一定的决策支持。进一步，Shappell 和 Wiegmann 使用美国国家运输安全委员会的事故调查和两家合资联邦航空管理局工作组的建议，确定了干预措施的类型，为分析控制航空中人为因素的安全举措的潜在影响，提出了人因干预矩阵模型[14]。Krulak 利用 HFACS 对 1 016 起由人为因素造成的航空安全事故进行分类，分析了航空事故和人为因素之间的关系，研究发现不充分的监督、记忆误差和判断误差是空难中最常发生的原因，并且不充分的设计、不恰当的照明设备及记忆误差增加了空难发生的概率[15]。Li 等利用 HFACS 系统在对 1999~2006 年中国发生的 41 起民用航空事故分析的基础上，分析了不安全行为的监督、不安全行为的前提对不安全行为影响的显著性[10]。进一步，Harris 和 Li 还提出了人因分析与分类系统–事故系统理论模型（the human factors analysis and classification systems-systems theoretical accident model，HFACS-S），并将该方法应用到西班牙 Uberlingen 空中碰撞事故中[11]。Daramola 利用 HFACS 对尼日利亚航空运输行业的安全状况进行了评估[16]。Connor 通过 123 位海军飞行员应用国防部人因分析与分类系统（department of defense's human factors analysis and classification systems，DOD-HFACS）分析两个航空事故中的人因因素，评价了 DOD-HFACS 的有效性[17]。国内学者吕春玉结合 1993 年新疆乌鲁木齐发生的 MD-82 型飞机坠毁事故案例，研究了 HFACS 的功能及其应用于通用航空事故的方法[18]。孙瑞山深入研究了航空人为差错事故的影响因素[19]。张凤等利用 1996~2000 年飞行事故、航空地面事故和飞行事故征候统计资料，基于 HFACS 和民用航空的实际情况提出民用航空领域的事故征候编码系统，并对事故征候报告进行再分析，分析了影响民航事故征候发生的各个层次的人的因素及相互作用[20]。

在医疗方面，Milligan 以药物管理事故为例，利用 HFACS 研究了培训在提高病人安全方面的作用[21]。Eibardissi 等通过访谈的方式，利用 HFACS 分析框架分析了心血管外科手术室中各种人因因素之间的相互影响关系[22]。此外，在铁路交通方面，Baysari 等利用 HFACS 分析框架对澳大利亚 40 起铁路安全事故原因的频率统计，发现澳大利亚铁路半数事故与设备故障相关（主要是由监督或检查不足造成的）[23]。在海事方面，Celika 和 Cebib 将模糊层次分析（fuzzy analytical hierarchy process）与 HFACS 相结合，分析了航海事故中的人为因素[24]。Wang 等将 HFACS 与贝叶斯网络（Bayesian networks）相结合应用到船舶碰撞事故中，建立定量的事故分析模型并描述了相应的预防措施[25]。

在煤矿方面，Lenné 等利用 HFACS 对澳大利亚发生的 263 起煤矿安全事故的原因进行分类，通过事故原因频度的统计分析了事故发生的主要原因[26]。Patterson 和 Shappell 利用 HFACS 分析了澳大利亚昆士兰（Queensland）发生的 508 起煤矿安全事故，研究发现不同的煤矿安全事故中技能差错是最常见的不安全行为[27]。进一步，Patterson 还提出了分析煤矿安全事故人因的人因分析与分类系统-煤炭采掘业（human factors analysis and classification system-mining industry，HFACS-MI）模型[28]。国内学者宋泽阳等利用 HFACS 以 515 起煤矿伤亡事故为样本，分析了安全管理体系缺失情况下不安全行为发生的原因及两者之间的联系[29]。陈兆波等利用 HFACS，从人因角度分析了重大煤矿安全事故和一般安全事故产生的原因，并分析了两类事故原因的不同之处[30]。陈兆波等还针对 HFACS 分析煤矿安全事故中的一致性问题，设计出煤矿安全事故人因的开环和闭环分析方法[31]。此外，陈兆波等还针对煤矿安全事故人因因素众多、复杂且呈现出典型的灰色系统特征的问题，将 HFACS 与灰色系统理论相结合，利用灰色关联研究煤矿安全事故人因之间的相互关联关系[32]。

大量的研究已说明，起源于航空领域的 HFACS 模型能够应用于煤矿领域，研究煤矿安全事故产生的人因因素，挖掘煤矿安全事故人因的内在规律性。

煤矿安全事故调查报告是进行煤矿安全事故人因分析的主要依据，但现有的煤矿安全事故调查报告主要是以文本形式存在的。虽然，相关部门利用案例汇编的形式对煤矿安全事故调查报告进行了归类、整理，但总体来讲，煤矿安全事故原因的查询和分析依然非常不便。因此，有必要将煤矿安全事故调查报告的纯文本数据转化为关系型数据，从而建立煤矿安全事故数据库，以便有效地利用煤矿安全事故"大数据"进行人因分析，挖掘煤矿事故发生的内在规律性和潜在因素。

基于此，本书将以 HFACS 为基础理论，通过建立起煤矿安全事故数据库系统以实现对煤矿安全事故"大数据"的有效分析和利用，从而为挖掘煤矿安全事故的人因因素规律奠定基础。虽然，国内外众多学者利用 HFACS 从人因角度对煤矿安全事故进行了大量研究，但是利用 HFACS 建立煤矿安全事故的数据库，实现煤矿安全事故数据的有效利用，还有如下问题亟待解决。

首先，现有的 HFACS 主要是以航空为背景提出的，在运用 HFACS 对煤矿安全事故报告分析的过程中常会出现 HFACS 指标与煤矿事故报告中描述的原因无法对应或其对应关系具有一定的模糊性的问题，进而导致不同的分析人员对同一组事故报告分析的结果不同，从而增加了现有调查报告由文本形式向关系型数据模型转换的难度，不利于煤矿安全事故数据库的建立。

其次，根据国家煤矿安全监察局的规定，我国目前的煤矿安全事故报告一般包括事故单位概况、事故经过及抢险和善后情况、事故原因及性质（直接原因、间接原因和事故性质）、对事故责任人员和单位的处理建议、防范措施几个部分，其中事故原因的调查中以责任认定为主。因此，现有的煤矿安全事故调查报告对于事故发生的深层次原因，如操作者的精神状态、身体状态、所受的安全和技能培训状况及安全管理体系方面的缺失因素等人因描述不够充分。如何通过一定的方法和手段弥补现有煤矿安全事故调查报告中对事故深层次原因描述不充分的缺陷，为分析人员提供全面的事故致因信息，是关系到煤矿安全事故数据完备性的重要问题。

再次，如何利用建立的煤矿安全事故数据库，挖掘煤矿安全事故发生的内在规律是关系到煤矿安全事故数据利用的重要问题。

最后，如何评价政策技术对不安全行为的抑制作用，如何评价人因的可靠性也是需要解决的重要问题。

针对上述问题，本书将在综合分析相关理论与方法的基础上，对于现有的煤矿安全事故调查报告，在建立人因表现形式知识库和设计一致性人因分析方法的基础上，利用贝叶斯网络推理技术分析煤矿安全事故发生的深层次原因缺失，弥补现有煤矿安全事故调查报告的缺陷。进一步，建立煤矿安全事故数据库以实现对煤矿安全事故"大数据"的有效分析和利用。综上所述，本书将对政策及技术的有效性进行评价，并从情景意识的角度分析人因的可靠性影响因素。

# 第2章　煤矿安全事故的人因分析模型

HFACS 是由美国学者道格拉斯 A. 维格曼博士（Dr. Douglas A. Wiegmann）和斯科特 A. 夏佩尔博士（Dr. Scott A. Shappell）在美国海军大量飞行事故调查研究的基础上，基于"瑞士奶酪"模型建立的事故人因调查和分析的理论框架[33]。经过大量的案例研究，HFACS 已被证明是非常有效的事故人因分析模型，该模型目前已被美国空军和航空管理局作为事故分析和评价事故预防方案的指定工具与方法，并被广泛应用于铁路、海运等行业中的安全事故分析中。

HFACS 是以航空安全事故为背景设计的人因分析模型，大量的研究表明，该理论框架并不具备很强的通用性，尤其是其指标内涵与煤矿安全事故中的表现形式难以精确对应，或其对应关系具有一定的模糊性。因此，本章将在介绍"瑞士奶酪"模型和 HFACS 模型的基础上，通过对近年来煤炭安全事故报告的整理，建立煤矿安全事故的 HFACS 模型，并通过煤矿安全事故的表现形式阐述指标的内涵。

## 2.1　"瑞士奶酪"事故致因模型

1990 年，曼彻斯特大学心理学教授 James Reason 在对以前人因模型总结的基础上，在其著作 *Human Error* [4]中提出了事故致因的"瑞士奶酪"模型的概念模型，也称为 Reason 模型。该模型认为所有的组织系统都是由某些基本元素组成的，基本元素之间的有机结合、和谐运行是组织高效、安全运转的前提条件，这些相互关联的基本元素组成了如图 2-1 所示的生产系统。

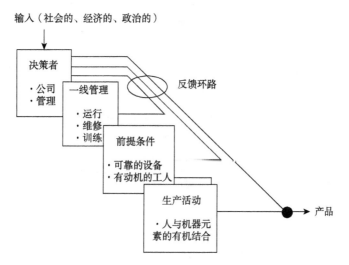

图 2-1　生产系统的组成元素

资料来源：Reason J. Human Error [M]. New York：Cambridge University Press，1990

根据"瑞士奶酪"事故致因模型，事故发生遵循"决策错误，管理不善，形成不安全行为的直接前提，产生不安全行为，防御系统失效"的规律[34]。在任何组织中事故的发生均包含 4 个层面（4 片奶酪）的因素，分别为组织的影响、不安全的监督、不安全行为的前提条件、不安全行为。每一片奶酪代表一层防御体系，每片奶酪上存在的孔洞代表防御体系中存在漏洞或缺陷，这些缺陷损害了系统的完整性，使系统容易受到操作危险因素的攻击，因此更容易导致灾难性的后果[4]。防御体系中存在的缺陷可以用不同层次中的孔洞来描述。当每片奶酪上的孔洞排列在一条直线上时，则会形成"事故机会弹道"，危险就会穿过所有防御措施上的孔洞，从而导致事故发生，如图 2-2 所示。4 片奶酪上的孔洞随时在动态变化中，其大小和位置完全吻合的过程，就是过失行为累积并产生事故的过程，这也称为"累积行为效应"[35]。

James Reason 教授的"瑞士奶酪"模型强调不良事件发生的系统观，认为事故发生的主要原因在于系统缺陷。若在组织中建立多层防御体系，各个层面的防御体系对缺陷或漏洞互相拦截，系统就不会因为单一不安全行为的出现导致事故的发生。

根据"瑞士奶酪"模型，事故是在操作人员的不安全行为和组织的多层防御体系的潜在失误的共同作用下发生的，因此事故调查人员需要全面分析系统的各个方面和各个层次，才能全面地理解导致事故发生的原因。

它能够迫使事故调查人员在调查事故发生中的显性差错的同时也关注事故的隐性差错。虽然，"瑞士奶酪"模型包含了事故发生的组织因素，但该模型并未

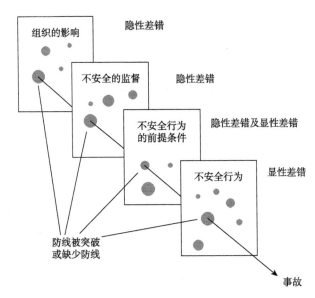

图 2-2　事故致因的"瑞士奶酪"模型

说明奶酪中孔洞的确切含义，也即该模型未详细说明各层次缺陷的具体含义，这也使事故分析人员、调查人员和其他安全专家在应用"瑞士奶酪"模型进行事故致因分析的过程中遇到了诸多的障碍。因此，明确定义奶酪中的孔洞的含义，使事故分析人员在事故调查时明确系统失效的具体原因是非常必要的。

## 2.2　人因分析与分类系统

1997 年，美国学者 Wiegmann 和 Shappell 提出了 HFACS。该模型的最大优势在于定义了"瑞士奶酪"模型中的孔洞，也更加明确、详细地描述了"瑞士奶酪"模型中的隐性差错和显性差错，这也提高了该模型在事故调查和分析中的可操作性[36~40]。HFACS 描述了系统四个层次的失效，每个层次对应"瑞士奶酪"模型的一个层面，自上而下分为组织的影响、不安全的监督、不安全行为的前提条件和不安全行为四个层次，具体的 HFACS 框架如图 2-3 所示。

本书将进一步针对煤矿安全事故，详细阐述各层次指标的内涵，建立煤矿安全事故的 HFACS。

需要说明的是，上述 HFACS 起源于航空行业，为了适应煤矿行业的特殊性，本书提出的煤矿安全事故的 HFACS 对上述框架模型进行了修改，具体来讲包括以下几个方面。

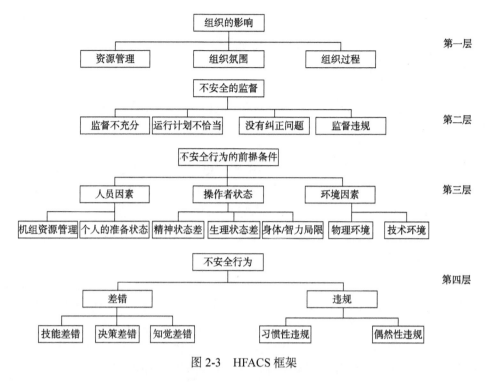

图 2-3　HFACS 框架

（1）为了保持 HFACS 词性的一致性，本书将第一层改为管理组织缺失，包括三个层面的漏洞：管理过程漏洞、管理文化缺失和资源管理不到位。

（2）将第三层的人员因素的两个漏洞，也即机组资源管理、个人的准备状态改为员工资源管理、个人的准备状态两方面。

（3）考虑到煤矿安全事故调查报告的特殊性，使作业人员的违规行为的习惯性和偶然性定性不清楚，因此本书提出的煤矿安全事故的 HFACS 不对作业人员的违规行为进行区分。

### 2.2.1　管理组织缺失

管理过程中管理层的决策会直接影响到下层的监督实践，也会进一步影响到作业人员的状态和行为，因此组织管理对煤矿的安全生产具有重要的影响作用。根据 HFACS 模型，管理组织缺失主要包括三个层面的漏洞：管理过程漏洞、管理文化缺失和资源管理不到位。

1. 管理过程漏洞

管理过程漏洞是指组织管理日常生产活动（如运行节奏、时间压力、工作计划）的行政决定和规章制度不合理的情况。通过对大量煤矿安全事故调查报告的总结，发现管理过程漏洞在煤矿领域常见的表现形式主要有：安全计划漏洞、应急预案不完善、行政决定不合理、现场安全管理松懈、安全检查不到位、安全技术措施编制不严密（安全技术措施不能正确指导施工）、组织机构不健全、管理职责不清、细化管理不到位等。通过大量的煤矿安全事故分析，可以发现管理过程漏洞是煤矿安全事故产生的重要原因之一。例如，2010 年 1 月 23 日山西贺西煤矿选煤厂改扩建工地发生的山体滑坡事故中，未编报工程监理实施细则，对现场施工质量、安全监管不力是事故发生的重要原因；2011 年 4 月 20 日正晖分公司昌达煤矿井下着火事故中，部门组织机构不全，火区管理差，没有火区管理卡制度是事故产生的直接原因，昌达煤矿调度组织管理混乱是事故产生的重要原因；2012 年 9 月 2 日河东煤业停电停风事故的重要原因是该企业的供电公司自成立后，公司供电运行管理基础工作还未完善。上述事故的发生都涉及了管理过程漏洞方面的原因。

### 2. 管理文化缺失

管理文化缺失是指煤矿企业存在重生产、轻安全的不良组织习惯，以及矿井本身的安全治理意识差等问题，其在煤矿安全事故中的主要表现形式有：不良组织习惯、过度强调生产、企业价值观差、轻视安全、安全治理意识差、公司政策不公平、过度强调惩罚。管理文化缺失是煤矿安全事故产生的重要原因。例如，2011 年 4 月 20 日正晖分公司昌达煤矿井下着火事故产生的主要原因是正晖公司安排生产任务重，不切合矿井实际，导致该矿井急于组织生产，完成任务；2011 年 5 月 8 日汾西瑞泰正丰煤业回风斜井涌水事故产生的重要原因是企业对防治水工作的重要性认识不到位，现场监管措施监督力度差，重点区域、重点环节未采取重点监测手段；2012 年 2 月 28 日河东煤矿瓦斯超限误报警事故产生的重要原因是信息中心和综采队领导对监测监控工作重视不够，现场管理混乱，日常检查、维护不到位；2010 年 11 月 10 日贺西矿二采回风巷违章打开密闭巷道造成局部瓦斯超限事故的重要原因是通风队、瓦检队领导在接到通风调度通知后，安全意识差，对于存在的隐患未及时安排人员处理。管理文化缺失是上述煤矿安全事故产生的重要原因。

### 3. 资源管理不到位

资源管理不到位是指组织资源分配及维护不到位，包括人员管理不到位和设备资源管理不到位。人员管理不到位主要指一些重要岗位没有配备相应的专业技术人员，或人员分配不足等情况；设备资源管理不到位主要指设备缺乏，设备日常的维护不到位等。资源管理不到位在煤矿安全事故中的主要表现形式有：人力资源管理不到位、设备资源管理不到位、过度削减成本。资源管理不到位是煤矿安全事故产生的重要原因。例如，2011 年 8 月 25 日贺西矿瓦斯超限事故产生的直接原因是贺西矿供电系统比较脆弱，矿井回路供电不能闭环操作，加之 35 千伏线路没有加装全线路防雷电设施，使雷电击穿瓷瓶导致矿区停电；2012 年 8 月 8 日贺西矿瓦斯超限事故产生的重要原因是矿区供电系统不完善、防雷电设施防雷效果差，使矿区受雷电袭击后局部通风机停电停风；2012 年 4 月 10 日贺西矿二采区主扇 1#风机风叶损坏 2#风机电机烧毁事故产生的重要原因是风机风叶产品质量及风机检修维护不到位，风叶老化、强度降低，风机个别风叶颈部出现疲劳，在风机启动时受到加速度的作用引起风叶断裂，造成 2#风机整个风机风叶全部断裂。

### 2.2.2　不安全的监督

煤矿安全监督是对煤矿安全运行进行监督和监察，并且要及时发现问题，解决问题，尽可能杜绝潜在的安全隐患，保证煤矿生产能够安全、高效地运行。在 HFACS 模型中，不安全的监督主要包含监督不充分、运行计划不恰当、没有及时发现并纠正问题及违规监督四个因素。

#### 1. 监督不充分

监督不充分主要指监督者因为主客观原因没有履行本身应履行的监督职能，即组织没有向作业人员等提供专业的技术指导、安全教育培训和专业的操作规程等，而上述原因会导致作业人员技能、技术不高，进而增大差错的概率。监督不充分在煤矿安全事故中的具体表现形式为：未提供适当的培训、未提供专业指导监督、对员工安全培训和业务培训不到位、对员工思想安全教育不够、企业安全教育针对性不强、对违规检查力度不够等。例如，2012 年 11 月 27 日正珠煤业 11501 高抽巷 CO 传感器报警事故中对职工日常培训、安全教育不到位，职工现场不执行"手指口述"安全确认规定，传感器吊挂位置不牢靠，是造成此次事故的主要原因；队组安全管理不严，对职工业务技术培训不到位，是 2012 年 7 月 5 日正珠煤业瓦斯超限事故产生的主要原因；泵站司机业务素质差造成抽放泵站停运，上隅角瓦斯不能及时抽放是造成 2011 年 10 月 21 日正珠煤业瓦斯超限事故的直接原因。

#### 2. 运行计划不恰当

运行计划不恰当主要指组织没有为员工提供足够的休息时间和机会，存在分工不明等情况，使工作人员工作负荷过量产生疲乏，导致作业人员互相推卸工作等。运行计划不恰当在煤矿安全事故中的主要表现形式为：未提供足够的休息时间、工作量大、排班制度不恰当、未采取相应的有效措施、分工不明、对工作安排不细、重点工作未进行强调等。运行计划不恰当是煤矿安全事故产生的重要原因。例如，国庆检修期间检修工作时，在安排检修井下主局扇 650 回路等工作时，同时安排在同一供电线路上的 1202 材料尾巷进行瓦斯排放工作，工作安排不合理，是造成中兴煤矿 2010 年 10 月 2 日瓦斯超限的主要原因；3213 工作面推进还未到位的情况下，提前把第 17 联巷全部打开，第 18 联巷还未进行密闭，大量风流从第 17 联巷短路，造成上隅角及第 18 联巷内瓦斯积聚是 2010 年 7 月 16 日中兴煤业 3213 综采工作面瓦斯燃烧事故的重要原因；综采四队当班带班长未认真履行职责，安排工作不具体，调整支架前未能按照规程要求制定安全专项措施，也未向煤矿调度员和队领导汇报是造成 2010 年 9 月 18 日新峪煤业公司支柱伤人事故的主要原因。

### 3. 没有及时发现并纠正问题

没有及时发现并纠正问题主要指管理组织对于潜在的安全危险没有及时发现，或者已发现相关的安全问题，但仍然允许其持续下去的情况。没有及时发现并纠正问题在煤矿安全事故中的主要表现形式为：没有纠正不恰当的行为、设备安全问题未得到排查、对潜在的安全危险没有及时发现、安全隐患排查不到位等。例如，安全管理负责人对 1511 工作面未经验收违规组织初采的行为未加以制止是造成 2011 年 6 月 9 日正珠煤业 1511 工作面瓦斯超限的重要原因；带班班长和警戒工工作不负责任、未认真检查沿途运输环境和运输高度，未能提前发现事故隐患导致运输车将 33K1 运巷口主、副风机负荷电缆线同时抽脱停电是 2010 年 8 月 5 日贺西煤矿 33K1 运输巷工作面瓦斯超限事故的重要原因。

### 4. 违规监督

违规监督主要指管理者或监督者有意违反现有的规章程序，或授权工作人员不必要的冒险等。违规监督在煤矿安全事故中的主要表现形式为：未执行现有规章制度、执行违规的程序、未严格落实安全规章制度、授权不必要的冒险、强行组织生产、企业未取得相应执照、没有生产资格。例如，综采二队在对工作面近期瓦斯超限及温度偏高未能查明原因的情况下，强行组织生产是 2010 年 7 月 16 日中兴煤业 3213 综采工作面瓦斯燃烧事故产生的重要原因；对集团公司《吸取屯兰事故教训十六条规定》落实不到位，没有实现井下主-备用局部通风机单双日交替切换是 2011 年 8 月 25 日贺西矿瓦斯超限事故产生的重要原因。

## 2.2.3　不安全行为的前提条件

不安全行为的前提条件是指会直接导致不安全行为发生的主客观条件，也是不安全行为发生的主要原因，包括操作者状态、人员因素和环境因素三个方面。

### 1. 操作者状态

操作者的状态经常会直接或间接影响到工作绩效，主要有精神状态差、生理状态差和身体/智力局限三个方面。其中精神状态差主要指操作者缺乏最基本的安全意识，或者在工作过程出现注意力不集中和精神疲劳的情况，主要的表现形式为员工安全意识不强、员工本身缺乏警觉意识、精神疲劳、注意力不集中。

生理状态差主要指存在妨碍安全操作的生理状态，如生病产生视觉错觉，身体疲劳等不正常状态，主要的表现形式为生病、服用药物、身体疲劳、酗酒等。

身体/智力局限主要指当任务的要求超出操作者个体能力范围时就会出现身体/智力局限，埋下安全隐患。例如，矿井中遇到紧急事件，操作者本身应急处置能力不强，这样各种类型的差错都会剧增，主要的表现形式为处理应急问题经验不足、视觉局限、应急处置能力不强、对工作面和设备情况不熟悉等。

### 2. 人员因素

导致操作者不安全行为的人员因素可分为人员资源管理和个人的准备状态两个部分。人员资源管理主要指煤矿作业团队的合作状况及部门之间的沟通问题，主要表现形式为缺少团队合作、部门间信息沟通不畅、缺少盯岗和相互保护。个人的准备状态是员工个人为满足工作岗位要求的各种准备工作，在煤矿安全事故中的表现形式主要有：缺乏自我保护能力、接受安全培训不到位、饮食不好、员工安全责任心较差、员工自身安全技术素养较低、员工本身文化水平较低、业务素质和业务能力较差、安全知识理解和掌握程度较低、训练不足、休息不充足等。

### 3. 环境因素

除了人员因素和操作者状态以外，环境因素也会导致操作者状态差和不安全行为的出现。在已有的研究中将环境因素分为物理环境和技术环境两大类，为了进行更细化的研究，本书将环境因素分为三大类：自然环境、作业环境和技术环境。

自然环境主要是指天气变化以及在矿井开采中遇到的煤层厚度的变化和地质结构的变化等，具体表现形式有地表土层变疏、地温地压较大等。煤矿安全事故中自然环境的表现形式主要有：地质构造、气象条件、雷雨天气、煤层厚度变化的稳定性较差、顶板凹凸不平、岩性松软破碎、顶板下沉、地表土层变疏、透水、矿压、水压、地压等。

作业环境主要是指井下作业人员完成工作的各种微环境，如作业的矿井温湿度、灰尘、能见度、噪声、照明、空间等。作业人员所处的作业环境对事故的发生具有非常大的影响。

技术环境包括设备的配备、设计和控制维护等方面，设备的状态也会直接或间接影响作业人员的工作状态。在煤矿安全事故中，事故产生的技术环境因素的具体表现形式主要有：设备检修维护不到位、设备控制不合理、设备缺乏、没有安装防护设备、设备质量存在问题、设备设计存在缺陷、系统不完善等。

不安全行为的前提条件是大量不安全行为产生的直接原因，因此，对不安全行为前提条件的抑制是减少不安全行为发生、降低煤矿安全事故发生率的有效策略。但是，我国目前的煤矿安全事故调查报告对事故发生的人因因素体现并不充分。因此，利用现有的煤矿安全事故调查报告并不能很好地分析不安全行为的前提条件是如何影响和作用煤矿作业人员的不安全行为。

### 2.2.4　不安全行为

不安全行为指影响作业安全或者导致事故发生的人的行为，是事故产生的直接原因。作业人员的不安全行为主要分为差错和违规两大类。一般来讲，犯错是人的本性；违规是作业人员故意不遵守相关的规章制度。但是，差错和违规简单分类并不能满足事故调查、事故人因分析的要求。因此，本节将差错和违规的分类进行扩展，其中差错包含技能差错（skill-based error）、决策差错（decision-based error）和知觉差错（perceptual-based error）三类。

1. 差错

1）技能差错

技能差错是指作业人员的技能动作由于注意力不集中、记忆失能及技术素质较差等产生的差错。在煤矿安全事故中，技能差错的表现形式有：漏掉程序步骤、遗漏检查单项目、技能技术不高、采用错误的方法等。在我国，由于大量的自动化设备被引入煤矿生产中，同时由于煤矿工作的综合素质状况使技能差错成为我国煤矿安全事故产生的重要人因因素。例如，事故中发电厂调度员未严格执行现场应急处置程序是 2012 年 4 月 15 日紫金矿业停电、停风事故的重要原因；机电队主扇当班主副司机当班停电后在操作过程中对出现的停电判断处置不当延长了主扇送电时间对 2011 年 11 月 20 日紫金煤业主扇停运事故负直接责任。

2）决策差错

由于计划不充分，或者对形势估计不恰当产生的错误称为决策差错，主要是由于作业人员在特定情况下经验不足、环境危害辨识不到位、缺乏恰当的知识或者仅仅做出了错误的选择。矿井中环境复杂、危险源多使作业人员常不能正确地识别危险源，因此决策差错是煤矿安全事故产生的重要原因。例如，2012 年 4 月 15 日紫金矿业停电、停风事故产生的主要原因是电厂调度当班值班员在执行 110

千伏和 35 千伏线路合环运行操作时，未及时准确掌握供电负荷，强制指挥拉停 116 开关。

3）知觉差错

知觉差错指自身感知和实际情况不相符时，出现的视觉错觉或者空间定向错误，进而导致的不正确行为。可以预测，当煤矿作业人员感觉器官的信息输入减少或出现视觉错觉和空间定向障碍时，作业人员的知觉与实际情况不符时，知觉差错就会发生。煤矿井下作业环境恶劣，使作业人员常常出现知觉差错。煤矿安全事故中作业人员的知觉差错的表现形式有：视觉错觉导致错误判断周围环境、认知情况与实际情况不一致。例如，通风队瓦斯检查员在当班检查过程中未及时查出 7#、8#、9#贯眼一氧化碳超限是 2011 年 4 月 20 日昌达煤矿井下着火事故产生的重要原因；综采区当班作业人员在吊挂风筒时将上接口拉开未发现，盲目启动皮带将风筒接口脱开是造成 2010 年 9 月 25 日瑞泰正行煤业公司瓦斯超限事故第一次瓦斯超限的直接原因。

2. 违规

差错是发生在相应的规章制度之内的，而违规是与之相对应的，它是指故意违背政策、规章和程序。违规分为习惯性违规和偶然性违规，但在本章的研究中并没有对违规进行严格区分。在煤矿安全事故中，违规对应的具体表现形式为违反规章制度、违法操作程序，没有获得正确的指令，执行没有指令的操作。例如，综采区在通防区专职吊挂风筒人员未对 1504 工作面风筒进行吊挂前，擅自安排本班人员吊挂，吊挂质量差的情况下指挥启动皮带将风筒脱开是造成 2010 年 9 月 25 日瑞泰正行煤业公司瓦斯超限的主要原因；综掘一队运料班绞车司机违章操作，强拉硬拽将 33K1 运巷口主、副风机负荷电缆线同时抽脱停电是造成 2010 年 8 月 5 日贺西煤矿 33K1 运输巷工作面瓦斯超限事故的直接原因。

## 2.3　煤矿安全事故的 HFACS

现有的 HFACS 主要是以航空领域为背景提出的，在运用 HFACS 对煤矿安全事故报告分析的过程中常会出现 HFACS 指标与煤矿事故报告中描述的原因无法对应或其对应关系具有一定的模糊性。针对上述问题，本章通过人因表现形式的方法对 HFACS 的指标进行了诠释，建立煤矿安全事故的人因分析与分类系统，如表 2-1 所示。

#### 表2-1　煤矿安全事故的HFACS框架各内容具体表现形式

| 层次 | 内容 | | | | 表现形式 |
|---|---|---|---|---|---|
| 管理组织缺失 | 管理过程漏洞 | 包括制定和使用的标准操作程序和管理方法 | | | 1. 安全计划管理漏洞、安全重视不到位、安全监视不到位（对职工冒险蛮干未及时制止）、现场安全管理松懈、安全状况认知不足、安全检查不到位<br>2. 安全技术措施编制不严密（安全技术措施不能正确指导施工）、应急预案不完善<br>3. 未吸取以前教训、未进行预防性试验<br>4. 行政决定不合理、组织机构不健全、管理职责不清、细化管理不到位 |
| | 管理文化缺失 | 影响工人绩效的组织工作氛围 | | | 1. 不良组织习惯、操作标准和规章制度过度强调生产，轻视安全<br>2. 企业价值观差、安全治理意识差 |
| | 资源管理不到位 | 包括所有层次的组织资源分配及维护决策如人力资源、资金、装备和设施 | | | 1. 人力资源管理不到位、设备资源管理不到位<br>2. 过度削减成本 |
| 不安全的监督 | 监督不充分 | 监督者未向操作者提供恰当的指导、培训、监督、激励 | | | 1. 未提供适当的培训、专业指导监督和专业的操作规程<br>2. 对员工安全培训、业务培训不到位，思想安全教育不够<br>3. 企业安全教育针对性不强、对违规检查力度不够 |
| | 运行计划不恰当 | 生产运行计划不恰当影响操作者绩效 | | | 1. 未提供足够的休息时间、工作量大、排班制度不恰当<br>2. 未采取相应的有效措施、分工不明、对工作安排不细、重点工作未进行强调 |
| | 没有及时发现并纠正问题 | 监督者发现个体、装备、培训及相关安全领域的不足后未加以制止 | | | 1. 没有纠正不恰当的行为、对潜在的安全危险没有及时发现<br>2. 设备安全问题未得到排查<br>3. 没有汇报不安全趋势、安全隐患排查不到位 |
| | 违规监督 | 监督者故意忽视现有的规章制度 | | | 1. 未执行现有规章制度、未严格落实安全规章制度、强行组织生产<br>2. 执行违规的程序、授权不必要的冒险<br>3. 企业未取得相应执照、没有生产资格 |
| 不安全行为的前提条件 | 操作者状态 | 直接影响操作者自身绩效的状态 | 精神状态差 | 影响操作人员绩效的精神状态 | 1. 安全意识不强、缺乏自保互保意识（自保互保意识较差）、缺乏警觉意识<br>2. 精神疲劳、注意力不集中 |
| | | | 生理状态差 | 妨碍安全操作的个人生理状态 | 1. 生病、服用药物、酗酒<br>2. 身体疲劳 |
| | | | 身体/智力局限 | 操作超出个人能力范围的情况 | 1. 应急处置能力不强、处理应急问题经验不足<br>2. 视觉局限<br>3. 对工作面和设备情况不熟悉、专业操作技能水平较低 |

续表

| 层次 | 内容 | | | 表现形式 |
|---|---|---|---|---|
| 不安全行为的前提条件 | 人员因素 | 班组原因影响操作者状态 | 人员资源管理 | 影响操作者绩效的各种沟通、协调、团队问题 | 1. 缺少盯岗、相互保护和团队合作<br>2. 部门间信息沟通不畅 |
| | | | 个人的准备状态 | 提升员工在工作岗位上绩效的各种准备活动及其他的各种规定 | 1. 员工工作和安全责任心较差、自身安全技术素质差、文化水平较低、业务素质和业务能力较差<br>2. 缺乏安全自我保护能力、接受安全培训不到位、安全知识理解和掌握程度较低，训练不足<br>3. 饮食不好 |
| | 环境因素 | 导致操作者状态降低的外部环境因素 | 物理环境 | 操作者的周围环境 | 1. 雷雨天气<br>2. 煤层厚度变化稳定性较差、顶板凹凸不平、岩性松软破碎、顶板下沉、地表土层变疏、透水<br>3. 矿压、水压、地温地压<br>4. 矿井温湿度<br>5. 灰尘太大、能见度太低<br>6. 噪声太大、照明不足、空间太小 |
| | | | 技术环境 | 操作者自身所处的技术环境 | 1. 设备缺乏、设备设计存在缺陷（没有安装防护设备）<br>2. 设备检修维护不到位、设备控制不合理<br>3. 系统不完善，设备质量存在问题<br>4. 设施设备配备但没有投入使用 |
| 不安全行为 | 差错 | 导致没有达到预期结果的精神和身体活动 | 技能差错 | 技能动作由于注意力不集中、记忆失能及技术素质较差等产生的差错 | 1. 漏掉程序步骤、遗漏检查单项目<br>2. 技能技术不高、采用错误的方法<br>3. 站位不当，操作不当 |
| | | | 决策差错 | 由于计划不充分，或者对形势估计不恰当产生的错误 | 1. 对周围的环境没有进行有效的安全确认，环境危害辨识不到位<br>2. 紧急情况处理不当、经验不足（处理应急问题经验不足）<br>3. 工作时麻痹大意，冒险作业 |
| | | | 知觉差错 | 视觉等出现差错造成认知与实际情况不一致 | 1. 认知情况与实际情况不一致<br>2. 视觉错觉导致错误判断周围环境 |
| | 违规 | 违反确保安全的规章制度 | | | 1. 违反规章制度、操作程序<br>2. 没有获得正确的指令、执行没有指令的操作 |

# 2.4　本章小结

　　本章在介绍 HFACS 相关理论的基础上，根据煤矿行业的特殊性，建立了煤矿的 HFACS，并通过煤矿安全事故报告的分析对煤矿的 HFACS 框架中的管理组织缺失、不安全的监督、不安全行为的前提条件和不安全行为四个层次的表现形式进行了更加详细的补充和归纳。经过补充和归纳的指标形式能够更加全面地反映煤矿的实际情况，从而为后文研究奠定基础。

# 第3章 煤矿安全事故人因的一致性
分析方法

HFACS 是针对航空安全事故设计的人因分析模型，其指标内涵及表现形式都限定于航空领域，并且分析结果依赖于分析人员对 HFACS 内涵的理解，因此，不同的事故分析人员利用 HFACS 获得的人因分析结果常常不同。现有的大量研究也说明了该问题。例如，Olsen 和 Shorrock 通过 3 组试验，分析了 HFACS 在澳大利亚军方航空安全事故分析过程中的一致性，研究表明不同分析人员的事故分析结果不具有很好的一致性[41]。在利用 HFACS 分析煤矿安全事故过程中，同样会出现 HFACS 指标与事故报告不一致的情况，从而导致不同人员对同一组事故分析结果不同。为了提高 HFACS 分析结果的可靠性，需要多位分析人员对煤矿安全事故报告进行分析，也即利用群体的智慧提高分析结果的客观性。如何提高多位分析人员事故人因分析结果的一致性是基于 HFACS 框架建立煤矿安全事故人因数据库的关键。

基于此，本章将在设计基于 HFACS 的煤矿安全事故人因分析方法[31]的基础上，进一步利用群决策的相关理论，设计基于群决策的煤矿安全事故人因分析结果一致化方法[42, 43]，解决多个事故分析人员利用 HFACS 模型对同一事故报告进行分析获得的人因分析结果不同的问题，从而方便现有调查报告由文本数据向关系型数据的转换，为建立煤矿安全事故的数据库奠定基础。

## 3.1 煤矿安全事故人因分析方法

本节将设计煤矿安全事故人因的开环和闭环分析方法，使不同分析人员的分析结果尽可能地满足一致性要求，进一步将利用实际案例，验证方法的有效性，为煤矿安全事故的人因分析提供一定的参考。

### 3.1.1　闭环分析方法

煤矿安全事故人因的闭环分析方法类似于德尔菲方法，该方法利用"分析结果形成—反馈—结果调整"多次与分析人员交互的循环过程，使分析结果逐次收敛，发挥信息反馈和信息控制的作用，其主要步骤可以概括为以下几个步骤。

第1步：筹划工作。它主要包括：组织者收集煤矿安全事故分析报告，选择若干事故分析人员，并对其解释 HFACS 及其指标内涵，设定分析结果的一致性检验标准。

第2步：煤矿安全事故的人因分析。将煤矿安全事故报告寄送事故分析人员，各分析人员利用 HFACS 框架依据事故报告独立地将事故产生的人因因素进行分析和归类，分析人员之间不存在任何交流和讨论。

第3步：分析结果统计。将分析结果汇总，并且对结果进行一致性检验，若各分析人员的分析结果满足一致性标准则停止；否则将分析结果汇总表再寄送各分析人员，分析人员在参照其他分析结果的情况下对事故报告做出第2轮分析。如此反复直至分析结果趋向一致。

在煤矿安全事故人因的闭环分析方法中由于"反馈"过程的潜在暗示作用，可能会使分析者将自己的意见向有利于一致性的方向调整，从而削弱了分析者原有的独立性。

### 3.1.2　开环分析方法

与闭环分析方法不同，煤矿安全事故人因的开环分析方法充分体现分析者的独立性，通过不断细化 HFACS 分析框架每项指标的表现形式，建立适用于煤矿安全事故人因分析的 HFACS 分析框架，从而实现分析结果的逐次收敛。煤矿安全事故人因的开环分析方法的主要步骤可以概括为以下几个步骤。

第1步：筹划工作。它主要包括：收集事故分析报告，细化 HFACS 指标的内涵及其表现形式，选择若干事故分析人员并且将 HFACS 框架体系、指标内涵及其具体的表现形式给予解释，设定一致性检验的标准。

第2步：事故原因分析。将事故报告寄送分析人员，各分析人员独立地对事故原因进行分析和归类，并且分析人员之间不存在任何形式的交流和讨论。

第3步：分析结果统计。将分析结果汇总，并且对结果进行统计分析，若结果满足一致性标准则停止；否则组织者根据各分析人员的分析结果再次细化 HFACS 的表现形式，并将新形成的 HFACS 框架寄送各分析者，由分析人员对事故报告做出第2轮分析。如此反复直至分析结果趋向一致。

该方法避免了其他分析者的影响，能够充分保持分析人员的独立性，并且通过不断循环能够完善 HFACS 指标的表现形式，从而建立适用于煤矿安全事故人因分析的 HFACS 框架。

# 3.2 分析方法的应用

通过实地调研，从山西某矿业集团矿务局 2000~2012 年的煤矿安全事故分析报告中随机抽取 10 起事故作为分析样本，选取 8 名煤矿安全事故人因研究方面的硕士生作为分析人员（分为 2 组）。

## 3.2.1 煤矿安全事故人因的闭环分析方法的应用

在完成 HFACS 体系及指标内涵解释的基础上，分析人员独立地根据事故报告完成事故分析，若事故发生原因与某项人因因素相关则标注 1，否则标注 0。第 1 组 4 名分析人员的分析结果见表 3-1。

表3-1 煤矿安全事故人因分析结果

| 内容 | | | 分析人员 1 | | | | | | | | | | 分析人员 2 | | | | | | | | | |
|---|---|---|---|---|---|---|---|---|---|---|---|---|---|---|---|---|---|---|---|---|---|---|
| | | | 1 | 2 | 3 | 4 | 5 | 6 | 7 | 8 | 9 | 10 | 1 | 2 | 3 | 4 | 5 | 6 | 7 | 8 | 9 | 10 |
| 管理组织缺失 | 管理过程漏洞 | | 1 | 0 | 0 | 0 | 0 | 1 | 1 | 1 | 1 | 0 | 1 | 0 | 0 | 0 | 0 | 0 | 0 | 1 | 0 | 0 |
| | 管理文化缺失 | | 1 | 0 | 0 | 0 | 0 | 0 | 0 | 0 | 0 | 0 | 1 | 0 | 1 | 0 | 0 | 1 | 0 | 1 | 0 | 0 |
| | 资源管理不到位 | | 1 | 0 | 0 | 1 | 1 | 0 | 0 | 0 | 1 | 1 | 1 | 1 | 1 | 1 | 1 | 0 | 1 | 1 | 1 | 1 |
| 不安全的监督 | 监督不充分 | | 0 | 0 | 0 | 1 | 0 | 0 | 0 | 0 | 0 | 0 | 1 | 1 | 0 | 1 | 0 | 1 | 0 | 1 | 1 | 0 |
| | 运行计划不恰当 | | 0 | 0 | 0 | 0 | 0 | 0 | 0 | 0 | 0 | 0 | 0 | 0 | 0 | 0 | 0 | 0 | 0 | 0 | 0 | 0 |
| | 没有及时发现并纠正问题 | | 1 | 0 | 1 | 0 | 0 | 0 | 0 | 1 | 0 | 0 | 1 | 1 | 1 | 0 | 1 | 1 | 1 | 0 | 0 | 0 |
| | 违规监督 | | 0 | 0 | 0 | 0 | 0 | 1 | 0 | 0 | 0 | 0 | 1 | 0 | 0 | 0 | 1 | 0 | 0 | 0 | 1 | 0 |
| 不安全行为的前提条件 | 操作者状态 | 精神状态差 | 0 | 0 | 1 | 0 | 0 | 1 | 1 | 1 | 0 | 0 | 0 | 1 | 0 | 1 | 0 | 0 | 1 | 1 | 0 | 0 |
| | | 生理状态差 | 0 | 0 | 0 | 0 | 0 | 0 | 0 | 0 | 0 | 0 | 0 | 0 | 0 | 0 | 0 | 0 | 0 | 0 | 0 | 0 |
| | | 身体/智力局限 | 0 | 0 | 0 | 0 | 0 | 0 | 0 | 0 | 0 | 0 | 0 | 0 | 1 | 0 | 0 | 0 | 0 | 0 | 0 | 0 |
| | 人员因素 | 人员资源管理 | 0 | 0 | 0 | 0 | 0 | 0 | 0 | 0 | 0 | 0 | 0 | 0 | 0 | 1 | 0 | 0 | 0 | 0 | 0 | 0 |
| | | 个人的准备状态 | 0 | 0 | 0 | 0 | 0 | 0 | 1 | 1 | 0 | 0 | 0 | 0 | 0 | 0 | 0 | 0 | 0 | 0 | 0 | 0 |
| | 环境因素 | 物理环境 | 1 | 1 | 0 | 0 | 1 | 0 | 0 | 0 | 0 | 0 | 0 | 0 | 0 | 0 | 1 | 0 | 1 | 0 | 0 | 0 |
| | | 技术环境 | 0 | 0 | 1 | 0 | 0 | 0 | 0 | 0 | 0 | 1 | 0 | 0 | 0 | 0 | 1 | 1 | 1 | 0 | 1 |  |
| 不安全行为 | 差错 | 技能差错 | 0 | 1 | 0 | 0 | 0 | 0 | 0 | 0 | 0 | 0 | 0 | 1 | 0 | 1 | 0 | 0 | 1 | 0 | 1 | 0 |
| | | 决策差错 | 1 | 0 | 0 | 0 | 0 | 0 | 0 | 0 | 0 | 0 | 0 | 1 | 0 | 0 | 1 | 0 | 0 | 1 | 0 | 0 |
| | | 知觉差错 | 0 | 0 | 0 | 0 | 0 | 0 | 0 | 0 | 0 | 0 | 0 | 0 | 0 | 0 | 0 | 0 | 0 | 0 | 0 | 0 |
| | 违规 | | 0 | 0 | 0 | 0 | 0 | 0 | 0 | 0 | 0 | 0 | 0 | 0 | 0 | 0 | 0 | 0 | 1 | 1 | 1 | 0 |

续表

| 内容 | | 分析人员 3 | | | | | | | | | | 分析人员 4 | | | | | | | | | |
|---|---|---|---|---|---|---|---|---|---|---|---|---|---|---|---|---|---|---|---|---|---|
| | | 1 | 2 | 3 | 4 | 5 | 6 | 7 | 8 | 9 | 10 | 1 | 2 | 3 | 4 | 5 | 6 | 7 | 8 | 9 | 10 |
| 管理组织缺失 | 管理过程漏洞 | 1 | 1 | 1 | 0 | 1 | 1 | 0 | 1 | 0 | 1 | 1 | 1 | 1 | 0 | 1 | 1 | 1 | 1 | 1 | 1 |
| | 管理文化缺失 | 0 | 1 | 0 | 1 | 0 | 0 | 1 | 0 | 0 | 0 | 0 | 0 | 0 | 1 | 0 | 0 | 0 | 1 | 1 | 0 |
| | 资源管理不到位 | 1 | 1 | 0 | 1 | 0 | 1 | 0 | 0 | 1 | 0 | 1 | 1 | 0 | 1 | 0 | 0 | 1 | 0 | 0 | 0 |
| 不安全的监督 | 监督不充分 | 1 | 1 | 0 | 1 | 0 | 0 | 0 | 0 | 1 | 1 | 0 | 0 | 1 | 1 | 0 | 0 | 0 | 0 | 1 | 0 |
| | 运行计划不恰当 | 1 | 0 | 0 | 0 | 0 | 0 | 1 | 0 | 0 | 0 | 1 | 0 | 0 | 0 | 0 | 0 | 0 | 0 | 0 | 0 |
| | 没有及时发现并纠正问题 | 1 | 1 | 1 | 0 | 0 | 0 | 0 | 0 | 0 | 0 | 1 | 0 | 1 | 1 | 0 | 1 | 1 | 1 | 0 | 1 |
| | 违规监督 | 0 | 0 | 0 | 0 | 0 | 1 | 1 | 0 | 0 | 0 | 0 | 0 | 0 | 0 | 0 | 0 | 1 | 0 | 0 | 0 |
| 不安全行为的前提条件 | 人员因素　人员资源管理 | 1 | 0 | 0 | 0 | 0 | 0 | 0 | 0 | 0 | 0 | 0 | 0 | 0 | 0 | 0 | 0 | 0 | 0 | 0 | 0 |
| | 人员因素　个人的准备状态 | 0 | 0 | 0 | 0 | 0 | 1 | 1 | 0 | 1 | 0 | 0 | 0 | 0 | 0 | 0 | 0 | 0 | 0 | 0 | 0 |
| | 操作者状态　精神状态差 | 0 | 0 | 0 | 0 | 0 | 1 | 1 | 1 | 0 | 0 | 0 | 0 | 0 | 1 | 0 | 0 | 1 | 1 | 1 | 0 |
| | 操作者状态　生理状态差 | 0 | 0 | 0 | 0 | 0 | 0 | 0 | 0 | 0 | 0 | 0 | 0 | 0 | 0 | 0 | 0 | 0 | 0 | 0 | 0 |
| | 操作者状态　身体/智力局限 | 1 | 0 | 0 | 0 | 0 | 0 | 0 | 0 | 0 | 0 | 0 | 0 | 0 | 0 | 0 | 0 | 0 | 0 | 0 | 0 |
| | 环境因素　物理环境 | 1 | 1 | 1 | 0 | 1 | 1 | 0 | 0 | 0 | 0 | 1 | 0 | 0 | 1 | 0 | 0 | 0 | 0 | 0 | 0 |
| | 环境因素　技术环境 | 1 | 0 | 0 | 1 | 1 | 0 | 0 | 1 | 0 | 1 | 1 | 1 | 0 | 0 | 0 | 0 | 1 | 0 | 1 | 1 |
| 不安全行为 | 差错　技能差错 | 1 | 0 | 0 | 1 | 0 | 1 | 1 | 1 | 1 | 1 | 0 | 0 | 0 | 1 | 0 | 0 | 1 | 0 | 1 | 0 |
| | 差错　决策差错 | 1 | 0 | 0 | 1 | 0 | 0 | 1 | 0 | 0 | 0 | 0 | 0 | 0 | 0 | 0 | 0 | 0 | 1 | 0 | 0 |
| | 差错　知觉差错 | 1 | 0 | 0 | 0 | 0 | 0 | 0 | 0 | 0 | 0 | 0 | 0 | 0 | 0 | 0 | 0 | 0 | 0 | 0 | 0 |
| | 违规 | 0 | 0 | 1 | 0 | 0 | 1 | 1 | 1 | 0 | 0 | 0 | 0 | 0 | 0 | 0 | 0 | 1 | 0 | 0 | 0 |

　　运用 Cochran-$Q$ 检验对各分析人员的结果进行一致性检验，其具体步骤如下[44]。

　　（1）假设 $H_0$：$k$ 个分析人员的结果具有一致性；$H_1$：$k$ 个分析人员的结果不具有一致性。

　　（2）构造统计量：

$$Q = \frac{k(k-1)\left(\sum x_i^2 - \dfrac{\left(\sum x_i\right)^2}{k}\right)}{k\sum y_j - \sum y_j^2} \tag{3-1}$$

其中，$x_i$ 是第 $i$ 个分析人员所标注的"有关"（"1"）的次数，$i=1,2,\cdots,k$；$y_j$ 是 4 名分析人员在对同一事故报告分析时 HFACS 中同一指标标注"有关"（"1"）的次数，$j=1,2,\cdots,k$。

（3）假设检验：$Q$ 近似服从自由度为 $k-1$ 的卡方分布。在给定显著水平 $\alpha$ 下，查自由度为 $k-1$ 的卡方分表可得临界值 $C$，将 $Q$ 与 $C$ 比较，若 $Q>C$，则拒绝 $H_0$，接受 $H_1$；若 $Q<C$，则接受 $H_0$，拒绝 $H_1$。

选取 $\alpha=0.05$，利用式（3-1）求解，并查表可得 $Q=23.95>C=7.81$。结果表明，4 名分析人员利用 HFACS 独立对 10 起煤矿事故分析的结果一致性不显著。

将分析结果统计汇总表返还 4 名分析人员，分析人员在参照其他分析结果的情况下对事故报告做出第 2 轮分析，并对分析结果进行一致性检验。经过 3 轮反复后，利用式（3-1）求解得 $Q=6.875$，表明分析结果具有一致性。

### 3.2.2 煤矿安全事故人因的开环分析方法的应用

将 HFACS 框架体系、指标内涵及其具体的表现形式对第 2 组的 4 名事故分析人员给予解释，在此基础上分析人员独立地对 10 起煤矿安全事故进行分析，将分析结果汇总并且对结果进行一致性检验，求解得到 $Q=21.87$。基于分析结果调整上述 HFACS 的表现形式并将其返还分析人员，分析人员基于新的 HFACS 框架进行第 2 轮分析。如此反复，经过 6 轮分析后 $Q=4.56$，满足一致性条件。$Q$ 的变化过程如图 3-1 所示。

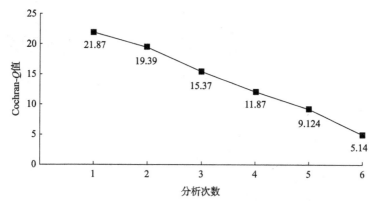

图 3-1 开环分析的 Cochran-$Q$ 值变化情况

根据分析结果，经过 5 次调整后的煤矿安全事故 HFACS 框架的表现形式详见表 2-1。

上述研究表明笔者设计的煤矿安全事故人因分析方法是有效的。通过前述研究的比较分析，可以发现煤矿安全事故人因的闭环和开环两种分析方法存在如下特点。

（1）煤矿安全事故人因的闭环分析方法能够较快地使分析结果满足一致性条件。这主要是由于闭环分析方法中存在分析结果的"反馈"过程，其他分析人员的分析结果具有潜在的暗示作用，分析人员在观测到其他分析结果后会潜意识地将分析结果向有利于一致性的方向调整，从而使分析结果较快地满足一致性条件。因此，挑选分析人员时须选择认真、负责、严谨的事故分析人员。另外，分析人员的态度和理解能力也是关乎分析结果一致性的重要因素。

（2）虽然开环分析方法循环的次数较多，但是该方法尽可能地削弱了其他分析人员的影响，尽量保持了分析结果的独立性，并且通过不断循环能够完善煤矿安全事故 HFACS 每项指标的表现形式，从而建立适用于煤矿安全事故人因分析的 HFACS 分析框架。总体来讲，HFACS 表现形式在调整过程中需遵循贴近行业背景、通俗原则，让 HFACS 的表现形式尽可能地与事故报告描述一致，此项研究采取从事故样本中抽取表现形式的方法。

（3）HFACS 作为一个通用的安全事故人因分析工具，该方法在具体行业中的适用性主要取决于 HFACS 指标内涵及其表现形式的描述。

（4）在煤矿安全事故人因分析过程中还发现目前的事故报告主要集中于事故责任的认定上，对于事故产生的深层次原因调查较少，如操作人员的精神状态、生理状态涉及较少。因此，急需建立煤矿安全事故调查报告的标准，以规范煤矿安全事故的调查分析。

## 3.3　基于群决策理论的煤矿安全事故人因分析结果集结

即便是利用前文构建的闭环或开环人因分析方法，不同分析人员利用 HFACS 对相同的煤矿安全事故报告分析获得的人因分析结果满足了结果的一致性条件，但由于事故报告描述的模糊性、分析人员的分析能力及个人思维习惯的不同，分析人员对事故报告中每项人因因素的涉及与否给出的人因分析结果也不会完全相同[42, 43]。本节将在对煤矿安全事故人因分析结果的可能形式进行详细描述的基础上，利用群决策相关理论对事故分析结果进行集结，为煤矿安全事故数据库的建立奠定基础。

根据事故报告描述的清晰程度以及分析人员的能力、个人思维习惯等的不同，分析人员对事故报告中涉及的各项人因因素会给出不同形式的分析信息，并且主要有确定型的人因分析结果和不确定型的人因分析结果两类。

（1）确定型的人因分析结果。基于 HFACS 模型以及煤矿安全事故报告的描述，分析人员需要判定在该事故中是否涉及某项人因因素。若该报告对事故造成的各项人因因素描述较为清晰或者分析人员分析能力较强，则分析人员可明确地给出在该事故中人因因素涉及与否的准确分析结果，也即涉及或未涉及两种确定结果，此时分析人员给出确定型的人因分析结果。在本节中，确定型分析结果用 0 或 1 表示，其中 0 表示事故中并未涉及该项人因因素，1 表示事故涉及该项人因因素。

（2）不确定型的人因分析结果。由于煤矿安全事故报告描述的模糊性、不完备性及分析人员个人理解能力局限，分析人员无法确定某项人因因素在事故中是否涉及，此时分析人员无法给出事故人因的确定型分析结果，而只能给出一定的模糊信息，如该人因因素涉及的可能性在 $[a,b]$。本节主要研究区间型人因分析结果的集结问题，其余类型的不确定型人因分析结果可以转化为区间型问题求解。

本节将利用群决策的相关理论，针对分析人员给出的分析结果的不同形式，设计基于群决策的煤矿安全事故人因分析结果一致化方法，解决多个事故分析人员利用 HFACS 模型对同一事故报告进行分析获得的人因分析结果不同的问题，从而方便现有调查报告由文本形式向关系型数据模型转换，为建立煤矿安全事故的数据库奠定基础。

### 3.3.1　确定型人因分析结果集结

当多位分析人员独立地对某一项人因因素给出确定型的 0 或 1 分析结果时，通常可遵循少数服从多数的方法，但是遵循该方法常常会得出不准确的、甚至错误的分析结果。为了避免该问题的出现，可采用群体讨论法，将分析人员聚集在一起，对某项人因因素在煤矿安全事故中是否涉及进行集体讨论，最终获得群体一致的分析结果。

然而 HFACS 包含管理组织缺失、不安全的监督、不安全行为的前提条件及不安全行为四个层次共计 18 个人因因素，如果对每一份煤矿安全事故报告中的每项人因因素的涉及与否进行分析时都将分析人员聚集在一起，工作量较大，并且集体讨论过程中的"强势"分析人员对其余分析人员有潜在暗示作用，从而使其余分析人员将自己的意见向有利于一致性的方向调整，从而削弱了分析人员原有的独立性。为此，本节将利用群决策理论对不同分析人员的确定型分析结果进行集结。

#### 1. 分析人员权重的确定

煤矿安全事故人因分析结果的一致化问题实质上是：每位事故分析人员根据煤矿安全事故调查报告的描述并基于自身的理解和判断分别做出每项人因因素在事故中发生与否的判断，进一步将这些判断信息按照某种方法集结为群体结果。因此，在该过程中，如何确定每位分析人员的权重将是事故分析结果合成、集结的关键。因此，本节将研究分析人员权重的确定方法。

根据群决策理论，权重实质上是决策者在形成群体决策结果中的重要程度，也就是决策者在决策过程中的决策权力[45]。一般来讲，权重的确定方法可以分为主观权重确定方法和客观权重确定方法。主观权重确定方法通常利用 AHP（analytic hierarchy process，即层次分析法）法、Delphi 法等据决策者的名望、地位、所属专业、对决策层问题的熟悉程度等来确定专家的权重。但是，在实际决策过程中，专家所作判断的可信度并不一定与他的主观权重相一致。为了全面反映各决策者在群决策过程中的作用，还必须根据具体的群决策问题及群决策方法来确定决策者所作决策的可信度，这种可信度由决策结果及其相互关系决定，它应作为决定决策者权重的一部分，文献[46]称它为决策者的客观权重。因此，本节将参照文献[46]提出的客观权重确定方法，设计煤矿事故人因分析人员客观权重的确定方法。

假设有 $m$ 位分析人员利用 HFACS 框架对 $n$ 起煤矿安全事故调查报告进行分析，$k$ 表示第 $k$ 位分析人员，$k=1,2,\cdots,m$；$i$ 表示第 $i$ 起事故报告，$i=1,2,\cdots,n$；$j$ 表示第 $j$ 项人因因素，$j=1,2,\cdots,18$。用 $A^k$ 表示第 $k$ 位分析人员对 $n$ 起事故报告分析的人因分析结果，$A^k$ 为 $18\times n$ 阶矩阵。用 $A_i^k$ 表示第 $k$ 位分析人员对第 $i$ 起事故报告分析获得的分析结果，$A_i^k$ 为 $18\times 1$ 阶的列向量，$A_{ij}^k$ 表示第 $k$ 位分析人员对第 $i$ 起事故报告分析获得的第 $j$ 项人因因素分析结果。进一步，假设 $A$ 表示所有分析人员对 $n$ 起事故报告进行集中讨论获得的事故人因结果，$A$ 为 $18\times n$ 阶矩阵；$A_i$ 是第 $i$ 起事故报告的人因讨论结果，$A_i$ 为 $18\times 1$ 阶列向量；$A_{ij}$ 是第 $i$ 起事故报告的第 $j$ 项人因因素的讨论结果。

本章以分析人员的独立分析结果与群体讨论结果之间的欧氏距离为依据确定分析人员的客观权重。

**定义 3-1：** 第 $k$ 位分析人员的独立分析结果 $A^k$ 与群体讨论结果 $A$ 间的欧氏距离为

$$d^k = \sqrt{\sum_{i=1}^{n}\sum_{j=1}^{18}\left(A_{ij}^k - A_{ij}\right)^2}, k=1,2,\cdots,m \qquad (3-2)$$

分析人员的独立分析结果与群体分析结果间的差距越大，也即两者之间的欧氏距离越大，则说明第 $k$ 位分析人员的分析结果与群体分析结果差距越大，该分析人员的事故人因分析结果可靠性就越差，所以分析人员的权重理应越小。因此，记第 $k$ 位分析人员人因分析结果的权重为

$$\omega_k = \frac{\dfrac{1}{d^k}}{\sum_{i=1}^{n}\dfrac{1}{d^k}}, k=1,2,\cdots,m \qquad (3-3)$$

2. 确定型人因分析结果的集结

对一组新的事故报告，用 $l$ 表示第 $l$ 起事故报告，$l=1,2,\cdots,L$。令 $A'_{lj}$ 表示所有分析人员对第 $i$ 起煤矿事故报告分析的第 $j$ 项人因因素的集结结果，并且

$$A'_{lj}=\sum_{k=1}^{m}\omega_k\cdot A_{lj}^k,l=1,2,\cdots,L;j=1,2,\cdots,18 \qquad (3-4)$$

在此基础，确定阈值 $\theta$，若 $A'_{lj}\geqslant\theta$，则多位分析人员的人因分析结果集结为 1，表示在第 $i$ 起事故的致因因素中涉及第 $j$ 项人因因素；若 $A'_{lj}<\theta$，则集结为 0，表示在第 $i$ 起事故的致因因素中未涉及第 $j$ 项人因因素。

3. 确定型人因分析结果集结方法的应用

在上述过程中，阈值 $\theta$ 的确定是煤矿安全事故人因集结结果可靠性的关键性因素。本节利用实验的方法，以选取的 $n$ 起煤矿安全事故为样本，确定使用于 $k$ 位分析人员的阈值 $\theta$。根据上述描述，确定型人因分析结果的集结分为以下几个步骤。

（1）随机选取 $n$ 份煤矿安全事故报告为样本，由 $m$ 位分析人员独立对其中的各人因因素进行 0 或 1 标注。

（2）利用 Cochran-$Q$ 检验对分析人员独立分析结果进行一致性检验，若分析结果不满足一致性要求，则需重新进行分析直至满足一致性，若分析结果通过一致性检验，则转到下一步。

（3）$m$ 位分析人员对 $n$ 份事故报告的人因因素涉及与否进行集体讨论得到群体讨论一致性分析结果。

（4）利用式（3-2）和式（3-3）求得所有分析人员的权重。

（5）将这 $n$ 份事故报告的独立分析结果按照式（3-4）加权集结得到样本群体综合分析结果，并将样本综合分析结果与群体讨论结果相对比，得到 $\theta$，使两类结果一致性程度最高，从而将该点确定为阈值。

至此求得这 $m$ 位分析人员对煤矿安全事故报告进行确定型人因分析时的权重与阈值，此后同样的 $m$ 位人员对煤矿安全事故报告进行确定型人因分析时，可根据此权重按如下步骤分析。

（1）分析人员对煤矿安全事故中各人因因素涉及与否独立地进行 0 或 1 标注。

（2）利用式（3-4）将分析人员独立分析结果进行加权集结。

（3）将上一步加权集结的结果与步骤（5）所确定的阈值相对比，高于阈值的人因因素标注为 1，否则标注为 0。

选择 4 名从事煤矿安全方面的研究生作为分析人员，随机抽取的 5 起煤矿安全事故（2012 年 4 月 5 日山西紫金煤业机电事故等）为样本。首先，根据步骤（1）对这 5 份事故报告进行独立分析，若事故发生原因与某项人因因素相关则

标注 1，否则标注 0，首次分析后根据步骤（2）对独立分析结果进行一致性检验，发现分析结果不满足一致性的要求，将分析结果反馈给分析人员，分析人员在参照其他人员信息的基础上对自己的分析信息进行修改，直至满足一致性要求。其次根据步骤（3），分析人员集结在一起对样本事故报告进行群体讨论分析，得到每项人因因素涉及与否的群体一致性讨论结果。经过一致性调整的煤矿安全事故人因分析结果及群体讨论结果见表 3-2。

**表3-2　煤矿安全事故人因分析结果及群体讨论结果**

| 报告　人因因素 | 分析人员 1 | | | | | 分析人员 2 | | | | | 分析人员 3 | | | | | 分析人员 4 | | | | | 群体讨论结果 | | | | |
|---|---|---|---|---|---|---|---|---|---|---|---|---|---|---|---|---|---|---|---|---|---|---|---|---|---|
| | 1 | 2 | 3 | 4 | 5 | 1 | 2 | 3 | 4 | 5 | 1 | 2 | 3 | 4 | 5 | 1 | 2 | 3 | 4 | 5 | 1 | 2 | 3 | 4 | 5 |
| 管理过程漏洞 | 1 | 1 | 1 | 1 | 1 | 1 | 1 | 1 | 1 | 1 | 1 | 1 | 1 | 1 | 1 | 1 | 1 | 1 | 1 | 1 | 1 | 1 | 1 | 1 | 1 |
| 管理文化缺失 | 1 | 1 | 1 | 0 | 0 | 1 | 1 | 1 | 0 | 0 | 1 | 1 | 1 | 0 | 0 | 1 | 1 | 1 | 0 | 0 | 1 | 1 | 1 | 0 | 0 |
| 资源管理不到位 | 1 | 0 | 0 | 1 | 0 | 1 | 0 | 1 | 0 | 1 | 1 | 0 | 1 | 0 | 0 | 1 | 0 | 1 | 0 | 1 | 1 | 1 | 1 | 1 | 0 |
| 监督不充分 | 1 | 1 | 1 | 0 | 1 | 1 | 1 | 1 | 1 | 1 | 1 | 1 | 1 | 0 | 1 | 1 | 1 | 1 | 0 | 1 | 1 | 1 | 1 | 0 | 1 |
| 运行计划不恰当 | 0 | 1 | 1 | 1 | 1 | 1 | 1 | 1 | 1 | 1 | 1 | 1 | 1 | 1 | 1 | 1 | 1 | 1 | 0 | 0 | 1 | 1 | 1 | 1 | 1 |
| 没有及时发现并纠正问题 | 1 | 1 | 0 | 1 | 1 | 1 | 1 | 1 | 1 | 0 | 1 | 1 | 1 | 1 | 1 | 1 | 1 | 1 | 1 | 1 | 1 | 1 | 1 | 1 | 1 |
| 违规监督 | 1 | 1 | 1 | 0 | 0 | 1 | 1 | 1 | 1 | 1 | 1 | 1 | 1 | 1 | 0 | 1 | 1 | 0 | 1 | 1 | 1 | 1 | 1 | 1 | 1 |
| 精神状态差 | 0 | 0 | 0 | 0 | 0 | 1 | 0 | 1 | 0 | 0 | 1 | 0 | 0 | 0 | 1 | 0 | 1 | 0 | 0 | 1 | 0 | 1 | 0 | 1 | 0 |
| 生理状态差 | 0 | 0 | 0 | 0 | 0 | 0 | 0 | 0 | 0 | 0 | 0 | 0 | 0 | 0 | 0 | 0 | 0 | 0 | 0 | 0 | 0 | 0 | 0 | 0 | 0 |
| 身体/智力局限 | 0 | 0 | 0 | 0 | 0 | 0 | 0 | 0 | 1 | 1 | 0 | 0 | 1 | 0 | 0 | 0 | 0 | 1 | 0 | 1 | 0 | 0 | 0 | 0 | 1 |
| 人员资源管理 | 0 | 0 | 0 | 0 | 0 | 0 | 0 | 0 | 0 | 0 | 0 | 0 | 1 | 0 | 0 | 0 | 1 | 1 | 0 | 1 | 0 | 0 | 1 | 1 | 1 |
| 个人的准备状态 | 1 | 0 | 1 | 1 | 1 | 0 | 0 | 1 | 0 | 0 | 1 | 1 | 0 | 0 | 1 | 1 | 0 | 1 | 0 | 0 | 1 | 0 | 0 | 1 | 0 |
| 物理环境 | 0 | 0 | 0 | 0 | 0 | 0 | 0 | 0 | 0 | 0 | 0 | 0 | 0 | 0 | 0 | 0 | 0 | 0 | 0 | 0 | 0 | 0 | 0 | 0 | 0 |
| 技术环境 | 1 | 0 | 0 | 0 | 0 | 1 | 1 | 1 | 1 | 0 | 1 | 1 | 1 | 0 | 1 | 1 | 1 | 1 | 1 | 1 | 1 | 1 | 1 | 1 | 1 |
| 技能差错 | 0 | 0 | 0 | 0 | 0 | 0 | 0 | 0 | 0 | 0 | 0 | 0 | 0 | 0 | 0 | 0 | 0 | 0 | 1 | 0 | 0 | 1 | 0 | 1 | 1 |
| 决策差错 | 0 | 0 | 0 | 0 | 0 | 0 | 1 | 1 | 0 | 0 | 1 | 1 | 0 | 0 | 0 | 1 | 1 | 0 | 0 | 1 | 1 | 1 | 0 | 0 | 1 |
| 知觉差错 | 0 | 0 | 0 | 0 | 0 | 0 | 0 | 0 | 0 | 0 | 0 | 0 | 0 | 0 | 0 | 0 | 0 | 0 | 0 | 0 | 0 | 0 | 0 | 0 | 0 |
| 违规 | 1 | 1 | 1 | 1 | 1 | 1 | 1 | 1 | 1 | 1 | 1 | 1 | 1 | 1 | 1 | 1 | 1 | 1 | 1 | 1 | 1 | 1 | 1 | 1 | 1 |

根据式（3-2），每位分析人员独立分析结果与群体讨论结果之间的欧氏距离分别为

$$d^1 = 4.583, d^2 = 3.742, d^3 = 3.162, d^4 = 3.606$$

利用式（3-3），四位分析人员的客观权重分别为

$$\omega_1 = 0.202, \omega_2 = 0.248, \omega_3 = 0.293, \omega_4 = 0.257$$

利用步骤（5）将样本事故报告独立分析结果加权集结并将该结果与群体讨论结果对比，结果如图 3-2 所示。

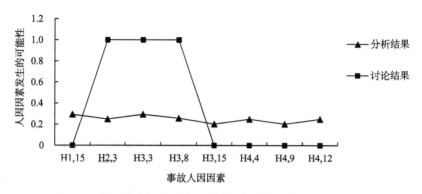

图 3-2 样本煤矿安全事故人因分析综合结果与讨论结果对比

注：表中横坐标 H1,15 表示第 1 份事故报告的第 15 项人因因素，依次类推

从对比结果可以看出，当阈值为 0.248 时分析结果与讨论结果一致性程度最高，达 98%，所以取 0.248 为这四位分析人员确定型分析时的阈值。

现仍由以上四位分析人员对一份煤矿安全事故报告（2011 年 11 月 10 日云南省曲靖市师宗县私庄煤矿煤与瓦斯突出事故）进行分析，利用上述步骤得到群体综合分析结果，分析信息与群体综合分析结果如表 3-3 所示。

表3-3 煤矿安全事故人因分析信息及群体一致性分析结果

| 人因分析指标 | | 分析人员 1 | 分析人员 2 | 分析人员 3 | 分析人员 4 | 群体一致性结果 |
|---|---|---|---|---|---|---|
| 管理组织缺失 | 管理过程漏洞 | 1 | 1 | 1 | 1 | 1 |
| | 管理文化缺失 | 1 | 0 | 0 | 0 | 0 |
| | 资源管理不到位 | 0 | 0 | 1 | 0 | 1 |
| 不安全的监督 | 监督不充分 | 1 | 1 | 1 | 1 | 1 |
| | 运行计划不恰当 | 1 | 1 | 0 | 1 | 1 |
| | 没有及时发现并纠正问题 | 0 | 1 | 1 | 1 | 1 |
| | 违规监督 | 1 | 1 | 1 | 1 | 1 |
| 不安全行为的前提条件 | 操作者状态 | 精神状态差 | 0 | 1 | 0 | 1 | 1 |
| | | 生理状态差 | 0 | 0 | 0 | 0 | 0 |
| | | 身体/智力局限 | 0 | 0 | 0 | 0 | 0 |
| | 人员因素 | 人员资源管理 | 0 | 0 | 1 | 1 | 1 |
| | | 个人的准备状态 | 1 | 1 | 1 | 1 | 1 |
| | 环境因素 | 物理环境 | 0 | 0 | 0 | 1 | 1 |
| | | 技术环境 | 0 | 0 | 0 | 0 | 0 |
| 不安全行为 | 差错 | 技能差错 | 0 | 0 | 0 | 0 | 0 |
| | | 决策差错 | 0 | 1 | 0 | 1 | 1 |
| | | 知觉差错 | 0 | 0 | 0 | 0 | 0 |
| | 违规 | | 1 | 1 | 1 | 1 | 1 |

由以上分析结果可以看出：①该分析方法以群体讨论结果为标准，从而能较充分考虑每位分析人员的意见，保证了分析结果的客观性；②该分析方法能够一次性确定一组分析人员的权重，从而简化了该组分析人员的分析过程。

### 3.3.2 不确定型人因分析结果的集结

由于煤矿安全事故报告描述的模糊性、不完备性及分析人员个人理解能力局限，分析人员常常无法确定某项人因因素在事故中是否涉及，此时分析人员无法给出事故人因的确定型分析结果，而只能给出一定的模糊信息。本节将主要研究区间型人因分析结果的集结问题，其余类型的人因分析结果可转化为区间型结果再集结。

分析人员按互补型标度给出某人因因素涉及的区间数型判断信息为 $x = \left[ x^-, x^+ \right]$，表示某人因因素涉及的可能性在 $x^-$ 和 $x^+$ 之间，其中 $x^-$ 为区间数的左端点，$x^+$ 为区间数的右端点；未涉及的区间数型判断信息为 $y = \left[ y^-, y^+ \right]$，表示某人因因素未涉及的可能性在 $y^-$ 和 $y^+$ 之间。根据现有的研究结果，区间数分析信息的性质如下。

（1） $x^- \leqslant x^+$；

（2） $x^- + y^+ = x^+ + y^- = 1$；

（3）当 $x^- = x^+$ 时，区间数退化为实数；

（4）当 $x = y$ 时，$x^- = y^-$，$x^+ = y^+$。

假设 $x = \left[ x^-, x^+ \right]$ 和 $y = \left[ y^-, y^+ \right]$ 为两组区间数，其运算法则如下。

（1） $x + y = \left[ x^- + y^-, x^+ + y^+ \right]$；

（2） $x \times y = \left[ x^- \times y^-, x^+ \times y^+ \right]$；

（3） $x \div y = \left[ x^- \div y^+, x^+ \div y^- \right]$；

（4） $m$ 为实数，则 $m \times x = \left[ mx^-, mx^+ \right]$；

（5） $\dfrac{1}{x} = \left[ \dfrac{1}{x^+}, \dfrac{1}{x^-} \right]$。

根据煤矿安全事故调查报告的描述，若多位分析人员给出的分析结果为区间数形式时，也即通过区间数形式的分析信息来对人因因素的涉及与否给出的分析判断，本节将通过分析信息的相容性程度，判断群体分析信息的一致性。

#### 1. 不确定型人因分析结果的一致性判定

假设有 $m$ 位分析人员利用 HFACS 框架对 $n$ 起煤矿安全事故调查报告进行分析，$k$ 表示第 $k$ 位分析人员，$k = 1, 2, \cdots, m$；$i$ 表示第 $i$ 起事故报告，$i = 1, 2, \cdots, n$；

$j$ 表示第 $j$ 项人因因素，$j=1,2,\cdots,18$。用 $x_{ij}^{k}$ 表示第 $k$ 位分析人员给出的第 $j$ 项人因因素在事故 $i$ 中涉及的区间数。

给定的事故报告和人因因素，根据分析人员给出该项人因因素在该起事故报告中涉及的区间数信息，可判定分析人员给出的分析结果的一致性程度。两个分析人员给出的区间数分析信息的相容性指标的定义如下。

**定义 3-2**：设分析人员 $k$ 和 $k'$ 对第 $j$ 项人因因素在第 $i$ 起事故中涉及的区间数分析结果分别为 $x_{ij}^{k}=\left(x_{ij}^{k-},x_{ij}^{k+}\right)$ 和 $x_{ij}^{k'}-\left(x_{ij}^{k'-},x_{ij}^{k'+}\right)$，则两分析人员分析信息的相容性指标为

$$\mathrm{SI}\left(x_{ij}^{k},x_{ij}^{k'}\right)=\left|x_{ij}^{k-}-x_{ij}^{k'-}\right|+\left|x_{ij}^{k+}-x_{ij}^{k'+}\right| \tag{3-5}$$

两个分析人员分析信息的相容性指标 $\mathrm{SI}\left(x_{ij}^{k},x_{ij}^{k'}\right)$ 具有以下性质。

（1）对任意分析人员 $k$ 和 $k'$，若 $x_{ij}^{k}=x_{ij}^{k'}$，即 $\mathrm{SI}\left(x_{ij}^{k},x_{ij}^{k'}\right)$，则第 $j$ 项人因因素在第 $i$ 起事故中涉及的区间数分析结果 $x_{ij}^{k}$ 和 $x_{ij}^{k'}$ 是完全相容的；

（2）自反性：$\mathrm{SI}\left(x_{ij}^{k},x_{ij}^{k'}\right)=0$；

（3）对称性：$\mathrm{SI}\left(x_{ij}^{k},x_{ij}^{k'}\right)=\mathrm{SI}\left(x_{ij}^{k'},x_{ij}^{k}\right)$

（4）传递性：如果 $x_{ij}^{k}$ 和 $x_{ij}^{k'}$ 完全相容，$x_{ij}^{k'}$ 和 $x_{ij}^{k''}$ 完全相容，那么 $x_{ij}^{k}$ 与 $x_{ij}^{k''}$ 也是完全相容的。

若 $\mathrm{SI}\left(x_{ij}^{k},x_{ij}^{k'}\right)\leqslant\alpha$，则认为分析人员分析结果之间具有强一致性，记 $\mu\left(x_{ij}^{k},x_{ij}^{k'}\right)=1$；若 $\mathrm{SI}\left(x_{ij}^{k},x_{ij}^{k'}\right)>\alpha$，则认为分析人员分析结果之间具有不一致性，记 $\mu\left(x_{ij}^{k},x_{ij}^{k'}\right)=0$，其中 $\alpha$ 是一致性判定的阈值，$\alpha$ 由经验确定[47]。在 $\mathrm{SI}\left(x_{ij}^{k},x_{ij}^{k'}\right)$ 的基础上，确定所有分析人员的群体一致性指标。

**定义 3-3**：设 $\mu\left(x_{ij}^{k},x_{ij}^{k'}\right)$ 为两位分析人员 $k$ 和 $k'$ 给出的分析信息 $x_{ij}^{k}$ 和 $x_{ij}^{k'}$ 的一致性指标，所有分析人员对事故 $i$ 的第 $j$ 项人因因素的一致性指标为

$$\mathrm{GPI}=\sum_{k=1}^{m}\sum_{k'=k+1}^{m}2\mu\left(x_{ij}^{k},x_{ij}^{k'}\right)\Big/\left[n(n-1)\right] \tag{3-6}$$

当分析人员群体的一致性指标 $\mathrm{GPI}\geqslant2/3$ 时，即相当于群决策中 2/3 的分析人员意见一致，则认为所有分析人员对事故 $i$ 第 $j$ 项人因因素的分析结果是一致的；若 $\mathrm{GPI}<2/3$，则分析人员对第 $i$ 起事故第 $j$ 项人因因素分析的分析结果不具有群体一致性，此时通过计算分析人员的个体判断一致性指标，判定各个分析人员个体一致性的优劣，从而使分析人员对其分析结果进行调整，以满足群体一致性的要求。

**定义 3-4：**设 $\mu\left(x_{ij}^{k}, x_{ij}^{k'}\right)$ 为两位分析人员 $k$ 和 $k'$ 关于给出事故 $i$ 第 $j$ 项人因因素的分析信息 $x_{ij}^{k}$ 和 $x_{ij}^{k'}$ 的一致性指标，则分析人员 $k$ 的个体判断一致性指标为

$$\text{IPI}(k) = \sum_{\substack{k'=1 \\ k' \neq k}}^{n} \frac{\mu\left(x_{ij}^{k}, x_{ij}^{k'}\right)}{(n-1)} \qquad (3\text{-}7)$$

根据 $\text{IPI}(k)$ 可以确定一致性程度较差的分析人员，该分析人员可根据一致性程度较好地分析人员的分析结果对自己的分析结果进行调整，以满足群体一致性要求。若该分析人员多次调整自己的分析信息后仍不能满足群体一致性的要求或者其坚持自己的意见不愿修改，则将其分析结果剔除，以满足群体一致性的要求。

2. 分析人员权重确定

根据分析人员个人分析结果与其他分析人员分析结果的差异性确定分析人员权重，考虑到分析人员对事故人因因素理解的差异性，本节对每个分析人员对每起煤矿安全事故的每项人因因素均确定一个权重。当分析人员对第 $i$ 起事故的第 $j$ 项人因因素的分析结果与其他人的分析结果差异性越大，则对该起事故报告该分析人员的该项人因因素分析结果的可靠性就越差，则相应的权重就越小。由于 $\text{SI}\left(x_{ij}^{k}, x_{ij}^{k'}\right)$ 是分析人员 $k$ 和 $k'$ 分析结果 $x_{ij}^{k}$ 和 $x_{ij}^{k'}$ 的差异度，则分析人员 $k$ 与其他所有分析人员的差异度为 $\sigma_{ij}^{k}$：

$$\sigma_{ij}^{k} = \sum_{k'=1, k' \neq k}^{n} \text{SI}\left(x_{ij}^{k}, x_{ij}^{k'}\right) \qquad (3\text{-}8)$$

当分析人员与其他分析人员的差异越小，则该分析人员对第 $i$ 起事故的第 $j$ 项人因因素分析结果的可靠性越高，因此在集结第 $i$ 起事故的第 $j$ 项人因因素分析结果的过程中该分析人员的权重就越大，并且权重为

$$\omega_{ij}^{k} = \frac{\dfrac{1}{\sigma_{ij}^{k}}}{\sum\limits_{k=1}^{n} \dfrac{1}{\sigma_{ij}^{k}}} \qquad (3\text{-}9)$$

3. 分析结果的集结

对第 $i$ 起事故的第 $j$ 项人因因素，所有分析人员的分析结果与其权重加权求和，即可得群体综合分析结果：

$$x_{ij} = \sum_{k=1}^{n} x_{ij}^{k} \omega_{ij}^{k} = \left[ \sum_{k=1}^{n} \omega_{ij}^{k} x_{ij}^{k-}, \sum_{k=1}^{n} \omega_{ij}^{k} x_{ij}^{k+} \right] = \left[ x_{ij}^{-}, x_{ij}^{+} \right] \qquad (3\text{-}10)$$

对于区间数型分析信息 $x_{ij} = \left[ x_{ij}^{-}, x_{ij}^{+} \right]$，因为在分析结果为区间数形式时，某项人因因素发生的可能性均匀落在区间上的每一个点上的，也即服从区间

$\left[ x_{ij}^{-}, x_{ij}^{+} \right]$ 上的均匀分布，因此其概率密度函数为

$$f\left(x_{ij}\right) = \begin{cases} \dfrac{1}{x_{ij}^{+} - x_{ij}^{-}}, & x_{ij}^{-} < x < x_{ij}^{+} \\ 0, & \text{其他} \end{cases} \quad (3\text{-}11)$$

其期望值为

$$E\left(x_{ij}\right) = \int_{x_{ij}^{-}}^{x_{ij}^{+}} x \frac{1}{x_{ij}^{+} - x_{ij}^{-}} \mathrm{d}x = \frac{1}{2}\left(x_{ij}^{+} + x_{ij}^{-}\right) \quad (3\text{-}12)$$

也即为区间数的中点。特别的，当区间数的左右端点相等时，即区间数退化为实数时，这个实数就是这个人因因素发生的概率。所以在得到某人因因素发生与否的区间数型的群体综合判断结果后，可用区间数的中值来代表某人因因素发生与否的群体分析的概率。

**4. 不确定型人因分析结果集结方法的应用**

根据前文描述，煤矿安全事故不确定型人因分析结果的一致性集结步骤可以总结为如下，其中集结的重点在于分析信息的一致性程度及分析人员权重的确定，具体步骤如下。

（1）根据式（3-5）确定分析人员分析结果的相容性指标；

（2）根据式（3-6）计算分析人员的群体一致性指标，若分析结果满足群体一致性，则到步骤（4），若不满足，则到步骤（3）；

（3）根据式（3-7）计算分析人员的个体一致性，个体一致性最差的分析人员需参考一致性好的分析人员修改自己的分析结果；

（4）根据式（3-8）、式（3-9）确定分析人员客观权重；

（5）根据式（3-10）集结分析人员的人因分析结果；

（6）根据式（3-12）获得区间型分析结果的群体一致性综合分析结果。

由煤矿安全方面的 4 位分析人员对一份煤矿安全事故报告（2014 年云南省曲靖市麒麟区黎明实业有限公司下海子煤矿 "4·7" 重大水害事故）按照互补准则进行独立分析，给出该事故报告中各项人因因素涉及的可能性的大小，分析结果如表 3-4 所示。

表3-4　煤矿安全事故不确定型人因分析信息的独立分析结果

| 人因因素 | 分析人员 | 1 | 2 | 3 | 4 | 集结结果 |
|---|---|---|---|---|---|---|
| 管理组织缺失 | 管理过程漏洞 | 1 | 1 | 1 | 1 | 1 |
| | 管理文化缺失 | 1 | 1 | 1 | 1 | 1 |
| | 资源管理不到位 | 1 | 1 | 1 | 1 | 1 |

续表

| 人因因素 | | 分析人员 | 1 | 2 | 3 | 4 | 集结结果 |
|---|---|---|---|---|---|---|---|
| 不安全的监督 | | 监督不充分 | 1 | 1 | 1 | 1 | 1 |
| | | 运行计划不恰当 | 0 | 1 | 0.7 | 1 | 0.888 |
| | | 没有及时发现并纠正问题 | 1 | 1 | 0.8~0.9 | 1 | 0.985 |
| | | 违规监督 | 1 | 1 | 1 | 1 | 1 |
| 不安全行为的前提条件 | 操作者状态 | 精神状态差 | 0 | 0.1~0.2 | 0.9 | 0 | 0.015 |
| | | 生理状态差 | 0 | 0 | 0 | 0 | 0 |
| | | 身体/智力局限 | 0 | 0.3~0.4 | 0.9 | 0 | 0 |
| | 人员因素 | 人员资源管理 | 1 | 1 | 1 | 1 | 1 |
| | | 个人的准备状态 | 0.8 | 0.5~0.6 | 1 | 1 | 0.9 |
| | 环境因素 | 物理环境 | 0 | 0 | 1 | 1 | 1 |
| | | 技术环境 | 0 | 1 | 1 | 0.7 | 0.888 |
| 不安全行为 | 差错 | 技能差错 | 1 | 1 | 1 | 1 | 1 |
| | | 决策差错 | 1 | 1 | 0.8 | 1 | 0.98 |
| | | 知觉差错 | 0 | 0.4 | 0.5 | 0.3~0.5 | 0.46 |
| | | 违规 | 1 | 1 | 1 | 1 | 1 |

对于其中分析人员给出的分析结果相同的人因因素，可直接得出该因素涉及的可能性状况，其中，管理过程漏洞、管理文化缺失、资源管理不到位、监督不充分、违规监督、人员资源管理、技能差错、违规八项人因因素涉及的可能性都为1；生理状态差涉及的可能性为0。对于其余分析结果不同的人因因素，可按照上文给出的互补准则下煤矿安全事故人因分析集结步骤进行集结，结果如表3-4所示。

该集结方法充分考虑了个体分析结果与群体分析结果的相容性，使分析结果满足一致性的要求，从而能够得到更加科学、准确的煤矿安全事故人因分析结果。分析人员都是根据煤矿安全事故的描述和自身判定独立地进行分析，因此该集结结果充分体现了分析人员的个体独立性。此外，该方法考虑了每位分析人员针对每起事故的每一个人因因素均确定一个相应的权重，从而使集结结果更加准确。

# 3.4　本章小结

　　本章在给出煤矿安全事故人因分析方法的基础上，基于 HFACS 模型和群决策相关理论，针对煤矿安全事故报告描述的清晰程度及分析人员分析能力、习惯等不同而对煤矿安全事故报告给出的不同形式的分析信息采用不同的方法来进行一致化并集结，解决了多位分析人员利用 HFACS 模型对煤矿安全事故进行人因分析时分析结果不一致的问题，从而方便现有调查报告由文本形式向关系型数据模型转化，为建立煤矿安全事故的数据库奠定基础。

　　从结果上看，相对于确定型人因分析信息而言，互补准则下给出的人因分析信息更为精确，并且互补准则下人因分析信息的一致化集结方法是针对每位分析人员对每份煤矿安全事故报告的每个人因因素都给出一个相应的权重，使运用互补准则来对煤矿安全事故进行人因分析时分析结果更为精确，适用于对分析结果要求精确的情况。

　　对于分析人员给出的不同形式的分析信息，虽然可以按照各类分析信息之间的规律联系将其互相转化，但转化过程中仍会造成数据的丢失，使分析结果不准确，因此在对煤矿安全事故进行人因分析时，分析人员应尽量给出相同形式的分析信息来进行分析。

# 第4章 煤矿安全事故深层次人因的推理研究

　　煤矿安全事故报告是事故人因分析的基础，通过对事故报告的 HFACS 分析结果的系统研究，能够找出煤矿安全事故发生的核心因素及不同因素间的关联性，进而有针对性地提出预防事故发生的建议和措施。然而，我国的煤矿安全事故调查以责任认定为主，事故调查报告对事故发生的人因因素描述不全面，从而导致煤矿安全事故人因的 HFACS 分析结果不全面。如何通过一定的方法和手段弥补现有煤矿安全事故调查报告的缺陷，关系到事故的 HFACS 分析结果的全面性，以及挖掘得到的煤矿安全事故人因致因因素内在规律的正确性。

　　本章将借助贝叶斯网络在处理不确定性推理中的优势，通过构建煤矿安全事故人因的贝叶斯网络模型，在给定变量（事故报告中已体现的人因因素）的基础上通过联合树推理算法推算一组查询变量（事故报告中未体现的深层次原因）的概率，从而找出导致煤矿事故发生的深层次原因，从而弥补现有事故调查报告的缺陷。

　　贝叶斯网络是一种帮助人们将概率统计技术应用于复杂领域，进行不确定性推理和数据分析的工具。它起源于人工智能领域的研究，近年来对其他领域也产生了重要影响[48]。贝叶斯网络由两个部分构成：贝叶斯网络结构和贝叶斯网络参数，其中贝叶斯网络结构表示各信息节点之间的直接关联关系；贝叶斯网络参数，也即条件概率表（conditional probabilities table，CPT），用来表示各个信息要素间的影响程度。

　　本章将在介绍贝叶斯网络基本理论的基础上，从煤矿安全事故调查报告和现有研究两个方面获取煤矿操作者状态对不安全行为影响的贝叶斯网络节点，进而研究节点之间的因果关系，构建出贝叶斯网络模型的结构[49~51]，为贝叶斯网络参数的获取奠定基础。

# 4.1 贝叶斯网络基本理论

贝叶斯定理是贝叶斯网络的基础，设 $H$ 和 $E$ 是两个随机变量，$P(H=h)$ 表示事件 $H=h$ 的先验概率，$E=e$ 表示一组证据。$P(H=h|E=e)$ 表示在考虑证据 $E=e$ 之后的对 $H=h$ 的概率估计，称为事件 $H$ 后验概率。贝叫斯定理是用来描述先验概率和后验概率的关系的，即

$$P(H=h|E=e) = \frac{P(H=h)P(E=e|H=h)}{P(E=e)} \qquad (4\text{-}1)$$

由贝叶斯定理可知，先验概率和证据信息相结合后产生后验概率。因此，后验概率的计算过程就是对先验信息的改善和更新的过程[52]。

贝叶斯网络是不存在圈且具有方向的图，网络中的节点分别代表不同的随机变量，不同节点之间的边表示变量之间的直接影响关系[53]。附在节点上的参数代表该节点的条件概率分布，没有父节点的为根节点，它对应的概率分布称为边缘概率，而其余节点 $X$ 所对应的概率是条件概率 $P(X|\pi(x))$。贝叶斯网络既可以从定性的角度来理解，也可以从定量的角度来分析。从定性方面来看，它通过有向无圈图描述随机变量之间的依赖和独立关系；从定量方面来分析，它是用条件概率分布来刻画变量对其父节点的依赖关系。假设贝叶斯网络中的随机变量分别为 $X_1, X_2, \cdots, X_n$，那么把各随机变量所对应的概率相乘，通过计算得到的结果即为联合分布：

$$P(X_1, X_2, \cdots, X_n) = \prod_{i=1}^{n} P\left[X_i|\pi(X_i)\right] \qquad (4\text{-}2)$$

其中，$P(X_1, X_2, \cdots, X_n)$ 是贝叶斯网络的联合概率分布，$P(X_1, X_2, \cdots, X_n)$ 是节点 $X_i$ 的父节点构成的集合；当 $X_i$ 的父节点为空集时，也即 $\pi(X_i) = \varnothing$，则 $P\left[X_i|\pi(X_i)\right] = P(X_i)$[54]。

贝叶斯网络具有挖掘事件背后隐藏信息、处理不确定性问题、将不同来源和属性的信息进行融合及进行全局更新[55]的四大优势，因此贝叶斯网络在各领域，如人工智能、医疗、交通等，都得到了广泛的应用。

对于给定的贝叶斯网络，可以从概率论的角度研究贝叶斯网络中变量之间的依赖和独立性；也可从图论的角度，探究网络节点之间的连通与分隔性。

从概率论角度上讲，贝叶斯网络的节点之间必须满足条件独立性，条件独立性是指随机变量 $X$，$Y$ 若满足：

$$P(X,Y) = P(X)P(Y) \qquad (4\text{-}3)$$

则称随机变量 $X$，$Y$ 相互独立，一般记作 $X \perp Y$。当 $Y$ 的取值已知且 $P(Y=y)>0$
时，若满足：

$$P(X) = P(X|Y=y) \qquad (4\text{-}4)$$

则称 $P(X|Y=y)$ 是随机变量 $Y$ 取值为 $y$ 时随机变量 $X$ 的条件概率分布。

　　另外，从图论角度讲，两个变量（$A$ 和 $B$）通过第三个变量（$C$）间接相连
存在如下三种情况。

　　（1）顺连。若 $C$ 是未知变量，则变量 $C$ 是变量 $A$ 与变量 $B$ 的中间介质，$A$
发出的消息可以通过 $C$ 传递到 $B$ 处，此时，$A$、$B$ 相互影响。若 $C$ 已知，则 $C$ 将
阻碍 $A$ 与 $B$ 之间消息的传递，此时，$A$、$B$ 相互条件独立。其中，$C$ 称为顺连节
点，具体如图 4-1 所示。

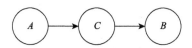

图 4-1　顺连的情况

　　（2）分连。与顺连类似，变量 $C$ 在 $A$、$B$ 之间起到传递或者阻碍的作用，其
中，$C$ 称为分连节点。分连时呈现出"一因多果"现象，具体如图 4-2 所示。

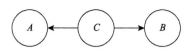

图 4-2　分连的情况

　　（3）汇连。具体来说，当 $C$ 未知时，$A$ 和 $B$ 之间相互联系；当 $C$ 已知时，$A$
和 $B$ 条件独立。其中，$C$ 称为汇连节点。汇连时呈现出"一果多因"的现象，具
体如图 4-3 所示。

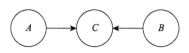

图 4-3　汇连的情况

　　假设 $C$ 是一个节点集合，$A$ 和 $B$ 不属于 $C$ 集合，$m$ 是 $A$ 和 $B$ 之间的一条通路。
如果节点之间的情况能满足以下三个条件中的一个，则 $m$ 被 $C$ 阻塞：①通路 $m$
上有一个在 $C$ 中的顺连节点；②通路 $m$ 上有一个在 $C$ 中的分连节点；③通路 $m$
上有一个汇连节点 $S$，它和它的后代节点都不在集合 $C$ 中。

如果①、②、③中任一条件成立，那么就说 $C$ 有向分隔 $A$ 和 $B$，简称 d-分隔（d-seperation）$A$ 和 $B$。也就是说，如果节点 $C$ d-分隔 $A$ 和 $B$，那么 $A$ 和 $B$ 在给定 $C$ 时条件独立。

在实际应用中，通常利用变量之间的因果关系来构建贝叶斯网络。已有相关定理表明，通过变量间的因果关系来构建贝叶斯网络，实际上就是在因果关系的基础上进行变量之间的条件独立假设。

## 4.2 煤矿安全事故人因贝叶斯网络因果图的构建

基于 HFACS 模型，构建煤矿安全事故人因的贝叶斯网络模型弥补现有煤矿安全事故调查报告中的缺陷需要解决贝叶斯网络结构图的构建和贝叶斯网络参数的设定两个关键性问题。虽然，HFACS 自下而上包含了事故发生的组织因素、不安全的监督、不安全行为的前提条件及不安全行为，基本涵盖了煤矿安全事故发生的所有人因因素，但并未给出事故人因因素之间的相互影响关系。因此，本节将建立煤矿安全事故人因的贝叶斯网络结构图。

贝叶斯网络结构包含贝叶斯网络节点及节点之间的因果关系两个部分，本节构建的煤矿安全事故人因贝叶斯网络的节点来源于 HFACS 模型的 18 个人因因素，由浅到深包括管理过程漏洞（A）、管理文化缺失（B）、资源管理不到位（C）、监督不充分（D）、运行计划不恰当（E）、没有及时发现并纠正问题（F）、违规监督（G）、人员资源管理（H）、个人的准备状态（I）、精神状态（J）、生理状态差（K）、身体/智力局限（L）、物理环境（M）、技术环境（N）、技能差错（O）、决策差错（P）、知觉差错（Q）和违规（R）。因此，以 HFACS 模型的 18 个人因因素作为节点，构建煤矿安全事故人因贝叶斯网络因果图。

人因因素之间的影响关系描述来源于以下两个方面：一方面通过查阅管理学、心理学及安全原理等[56~58]相关书籍，以及关于安全事故原因分析的相关文献，分析 HFACS 中各人因因素间的因果关系。另一方面，分析了山西省2007~2012 年的煤矿安全事故调查报告，通过原因描述提取出相应的因果关系，从而完善煤矿安全事故人因因素间的因果关系。

### 4.2.1 基于理论的煤矿安全事故人因贝叶斯网络因果图

本节通过阅读心理学、管理学及安全原理等书籍和关于安全事故原因分析的相关文献，从理论上找出基于 HFACS 模型的煤矿安全事故人因因素间存在的因果关系并进行罗列，进而得到初步的因果关系图。例如，《安全原理》中对于性格和非理智行为的具体描述，可知不良性格和消极气质会造成不安全行为，而非理智行为的产生归根于侥幸心理、省能心理、逆反心理和凑兴心理等不良心理，因此，可从中提取出煤矿作业人员的精神状态差会导致不安全行为（包括差错和违规）的产生。另外，"冰山理论"认为组织文化是由组织的价值观体系、组织成员的态度体系、组织行为体系等组成的，组织精神是组织文化的核心，伦理规范是组织管理的特殊需求。因此，监督不充分、运行计划不恰当、没有及时发现并纠正问题及违规监督等不安全领导行为，无一不受企业管理文化缺失的影响[58]。通过 HFACS 框架确定的节点和理论获取的因果关系，可初步建立煤矿安全事故人因因果关系图，如图 4-4 所示。

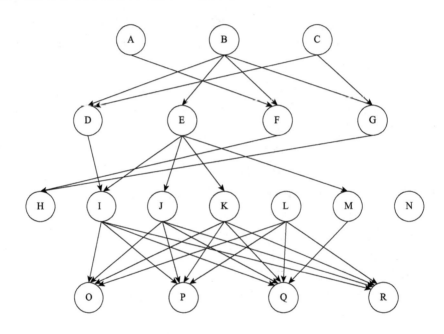

图 4-4　初始煤矿安全事故人因因果关系图

　　需要指出的是，由于是基于 HFACS 框架构建煤矿安全事故人因之间的因果关系图，HFACS 遵循上一层的不安全行为直接影响与下一层人因之间关系的原则，因此本书仅考虑上下两层人因因素间的因果关系，从而体现 HFACS 框架对因素归类的层层深入。由于上述因果关系图仅从理论上对事故人因因素之间的因果关系进行了分析，为了对上述关系进行弥补，本书进一步利用煤矿安全事故报告对煤矿生产全过程进行深入剖析，从而完善煤矿安全事故人因因素间的因果关系，见图 4-5。

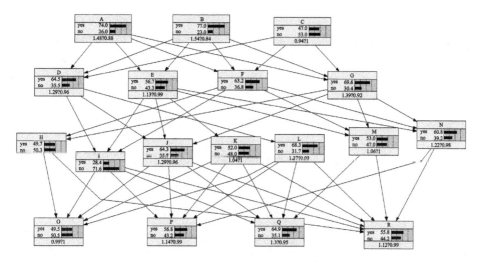

图 4-5　煤矿安全事故人因的贝叶斯网络因果关系图

### 4.2.2　基于案例的煤矿安全事故人因贝叶斯网络因果图

煤矿安全事故调查报告中对造成事故的原因进行了描述，针对性较强，因此本节结合事故报告可对由理论获得的因果关系图进行补充。

本节就山西省 2007~2012 年发生的 100 起煤矿安全事故的事故调查报告进行分析，对其中描述的因素间的明显因果关系进行罗列。最后结合初步的理论因果图，得出完善的煤矿安全事故人因因果关系图，如图 4-5 所示。

## 4.3　煤矿安全事故人因的贝叶斯网络参数估计

贝叶斯网络参数的确定是贝叶斯网络模型构建过程中最关键的一步。常见的贝叶斯网络参数获取方法可以分为客观和主观两类，客观的贝叶斯网络参数确定方法主要适用于拥有原始数据，可以从统计估计的角度得出贝叶斯网络参数的研究。例如，张一文等在非常规危机事件网络舆情预警研究中随机抽取 2009 年至 2011 年 3 月这段时间发生的 60 件非常规危机事件作为研究案例，利用各变量的数据都是已知的，从而获得贝叶斯网络的参数[59]。林文闻和黄淑萍在组织因素对船员疲劳的影响分析中利用其他文献的统计数据获得贝叶斯网络参数[60]。

根据国家煤矿安全监察局的规定，我国煤矿安全事故原因的调查以责任认定为主。因此，我国现有的煤矿安全事故调查报告，对如操作者精神状态、生理状态、管理文化等事故发生的深层次原因并未充分描述。因此，对于事故调查报告中已体现的人因因素，本章将利用 HFACS 对煤矿安全事故进行分析，获取已体现人因因素的人因分析结果，进而利用最大似然估计算法获得事故调查报告中已体现的人因因素的贝叶斯网络参数；对于现有事故调查报告中未体现的人因因素，通过设计模糊语义-数字概率方法，通过语义调查的方法获得未体现人因因素的贝叶斯网络参数。

本书构建的煤矿安全事故人因的贝叶斯网络中，涉及的贝叶斯网络参数共计 588 个，其中利用最大似然估计算法获得的参数共计 178 个；另外，对事故报告中未体现的人因因素的贝叶斯网络参数，通过模糊语义-数字概率估计获得的参数共计 410 个。

### 4.3.1 事故报告中已体现的人因因素的贝叶斯网络参数估计

本节通过分析山西省 2007~2012 年发生的煤矿安全事故调查报告，将其事故调查报告中涉及的人因因素按照 HFACS 框架进行分类统计，进而通过最大似然估计算法获得事故报告中体现出的人因因素的贝叶斯网络参数。最大似然估计算法估计煤矿安全事故人因贝叶斯网络参数的步骤如下。

（1）构造似然函数 $L(\theta)$：

$$L(\theta) = \prod_{i=1}^{n} P(X_i; \theta) \tag{4-5}$$

（2）对 $L(\theta)$ 取对数，并对其求导数，并建立似然方程：

$$\frac{\mathrm{d}\ln L(\theta)}{\mathrm{d}\theta} = 0 \tag{4-6}$$

（3）求解似然方程（4-6），得到 $\theta$ 的极大似然估计值 $\hat{\theta}$。

通过对事故调查报告进行分析，共统计得到 178 个贝叶斯网络参数，其中人因因素 A、B、C、E、M 参数均可通过最大似然估计算法及 D、F、G、H、I、J、N 所涉及 82 个贝叶斯网络参数均可通过最大似然估计算法获得；而节点变量 K、L、Q 在事故报告中出现次数均在三次以下，因此其所涉及的条件概率均无法统计获得；由于 K、L 节点变量发生频率较小，因此在其不发生的情况下对概率值影响不大，故在 K、L 事件不发生的情况下，O、P、R 所涉及的条件概率有 66 个可统计获得。表 4-1 为部分由煤矿安全事故调查报告中统计得出的贝叶斯网络参数。

表4-1 事故报告中体现出的人因因素贝叶斯网络参数表

| $P_{D_{i0}}$ | A | B | C | $P_{D_{i1}}$ | $P_{H_{i0}}$ | F | G | $P_{H_{i1}}$ | $P_{N_{i0}}$ | E | F | G | $P_{N_{i1}}$ |
|---|---|---|---|---|---|---|---|---|---|---|---|---|---|
| 0.125 | 1 | 1 | 1 | 0.875 | 0.760 | 1 | 0 | 0.240 | 0.250 | 1 | 1 | 1 | 0.750 |
| 0.375 | 1 | 1 | 0 | 0.625 | 0.429 | 0 | 1 | 0.571 | 0.600 | 1 | 0 | 1 | 0.400 |

续表

| $P_{D_{i0}}$ | A | B | C | $P_{D_{i1}}$ | $P_{H_{i0}}$ | F | G | $P_{H_{i1}}$ |  | $P_{N_{i0}}$ | E | F | G | $P_{N_{i1}}$ |
|---|---|---|---|---|---|---|---|---|---|---|---|---|---|---|
| 0.310 | 1 | 0 | 1 | 0.690 | 0.727 | 0 | 0 | 0.273 |  | 0.200 | 1 | 0 | 0 | 0.800 |
| 0.107 | 1 | 0 | 0 | 0.893 | $P_{I_{i0}}$ | D | E | F | $P_{I_{i1}}$ | 0.353 | 0 | 1 | 1 | 0.647 |
| 0.600 | 0 | 1 | 0 | 0.400 | 0.636 | 1 | 0 | 0.364 |  | 0.474 | 0 | 1 | 0 | 0.526 |
| 0.429 | 0 | 0 | 1 | 0.571 | 0.625 | 1 | 1 | 0.375 |  | 0.611 | 0 | 0 | 1 | 0.389 |
| 0.667 | 0 | 0 | 0 | 0.333 | 0.714 | 1 | 0 | 0.286 |  | 0.750 | 0 | 0 | 0 | 0.250 |
| $P_{E_{i0}}$ | A | B |  | $P_{E_{i1}}$ | 0.806 | 1 | 0 | 0 | 0.194 | $P_{O_{i0}}$ | H | I | J | $P_{O_{i1}}$ |
| 0.294 | 1 | 1 |  | 0.706 | 0.867 | 0 | 0 | 1 | 0.133 | 0.667 | 1 | 1 | 1 | 0.333 |
| 0.842 | 1 | 0 |  | 0.158 | $P_{J_{i0}}$ | D | E | G | $P_{J_{i1}}$ | 0.667 | 1 | 1 | 0 | 0.333 |
| 0.429 | 0 | 1 |  | 0.571 | 0.182 | 1 | 1 | 1 | 0.818 | 0.684 | 1 | 0 | 1 | 0.316 |
| 0.600 | 0 | 0 |  | 0.400 | 0.500 | 1 | 1 | 0 | 0.500 | 0.923 | 1 | 0 | 0 | 0.077 |
| $P_{F_{i0}}$ | A | B | C | $P_{F_{i1}}$ | 0.346 | 1 | 0 | 1 | 0.654 | 0.500 | 0 | 1 | 1 | 0.500 |
| 0.250 | 1 | 1 | 1 | 0.750 | 0.200 | 1 | 0 | 0 | 0.800 | 0.759 | 0 | 1 | 1 | 0.241 |
| 0.375 | 1 | 1 | 0 | 0.625 | 0.571 | 0 | 0 | 1 | 0.429 | 0.889 | 0 | 0 | 0 | 0.111 |
| 0.517 | 1 | 0 | 1 | 0.483 | 0.333 | 0 | 0 | 1 | 0.667 | $P_{P_{i0}}$ | I | J | N | $P_{P_{i1}}$ |
| 0.793 | 1 | 0 | 0 | 0.207 | 0.400 | 0 | 0 | 0 | 0.600 | 0.714 | 1 | 1 | 0 | 0.286 |
| 0.400 | 0 | 1 | 0 | 0.600 | $P_{M_{i0}}$ | E | F | G | $P_{M_{i1}}$ | 0.750 | 1 | 0 | 1 | 0.250 |
| 0.286 | 0 | 0 | 1 | 0.714 | 0.250 | 1 | 1 | 1 | 0.750 | 0.565 | 0 | 1 | 1 | 0.435 |
| 0.2 | 0 | 0 | 0 | 0.8 | 0.667 | 1 | 1 | 0 | 0.333 | 0.529 | 0 | 0 | 1 | 0.471 |
| $P_{G_{i0}}$ | A | B | C | $P_{G_{i1}}$ | 0.600 | 1 | 0 | 0 | 0.400 | 0.923 | 1 | 1 | 0 | 0.077 |
| 0.444 | 1 | 1 | 0 | 0.556 | 0.600 | 1 | 0 | 0 | 0.400 |  |  |  |  |  |
| 0.393 | 1 | 0 | 1 | 0.607 | 0.412 | 0 | 1 | 0 | 0.588 |  |  |  |  |  |
| 0.444 | 1 | 0 | 0 | 0.556 | 0.368 | 0 | 1 | 0 | 0.632 |  |  |  |  |  |
| 0.500 | 0 | 1 | 1 | 0.500 | 0.611 | 0 | 0 | 0 | 0.389 |  |  |  |  |  |
| 0.643 | 0 | 0 | 1 | 0.357 | 0.765 | 0 | 0 | 0 | 0.235 |  |  |  |  |  |

注：$P_{D_{i0}}$ 表示在 A、B、C 不同发生状态下 D 不发生的概率；$P_{D_{i1}}$ 表示在 A、B、C 不同发生状态下 D 发生的概率。其中 1 表示事件发生，0 表示事件不发生

表 4-1 中，字母 A、B、C、D、E、F、G、H、I、J、N 等表示父节点，$D_i$、$E_i$、$F_i$、$G_i$、$H_i$、$I_i$、$J_i$、$M_i$、$N_i$、$O_i$、$P_i$ 等表示子节点。1 表示节点变量发生状态，0 表示节点变量不发生状态，如 A 为 1 时代表企业管理过程存在漏洞，A 为 0 时代表企业管理过程不存在漏洞，$D_{i1}$ 代表企业存在监督不到位问题，$D_{i0}$ 代表企业监督到位。$P_{D_{i0}}$ 表示子节点 D 不发生状态的概率及企业监督到位时的概率值。

### 4.3.2　事故报告中未体现的人因因素的贝叶斯网络参数估计

根据国家煤矿安全监察局的规定，我国目前的煤矿安全事故报告一般包含事故单位概况、事故经过及抢险和善后情况、事故原因及性质（直接原因、间接原因和事故性质）、对事故责任人员和单位的处理建议、防范措施几个部分，其中事故原因的调查中以责任认定为主。同时，由于事故调查报告缺乏理论分析模型的指导，很难对所有涉及的因素进行全面分析。因此，对事故调查中未体现出的人因因素的贝叶斯网络参数的获得显得尤为重要。本节利用主观方法确定煤矿安全事故报告中未体现的人因因素的贝叶斯网络参数。

贝叶斯网络参数的主观确定方法主要适用于没有数据的研究工作，如胡书香等在工程项目质量风险管理中依据调查问卷和专家经验确定贝叶斯网络参数[52]。于超等在突发事件研究中引入主客观信息集成方法，将历史案例与专家主观判断相结合获得贝叶斯参数[61]。Li 等引入一种模糊贝叶斯网络方法在人因可靠性分析（human reliability analysis，HRA）框架下改善组织影响，根据专家意见确定贝叶斯网络的参数[62]。虽然，主观的贝叶斯网络参数确定方法具有较强的主观性，但是该方法能够借助专家知识、经验解决复杂的贝叶斯网络参数设定问题。

根据现有的文献，主观贝叶斯网络参数的确定方法主要有两种，一种是通过专家知识结合调查问卷获得；另一种只能通过专家知识直接获得。在贝叶斯网络参数确定方面，笔者通过调查问卷方式发现贝叶斯网络参数存在相互矛盾的现象。因此，需要寻求一种在通过专家知识获得概率时可以减少其主观性的方法来确定贝叶斯网络参数。

本节将在对概率估计方法比较的基础上，确定语义-数字概率估计方法为参数获取方法，进一步将现有的语义-数字概率估计方法与模糊数学相结合，充分体现语义概率的模糊性，对事故调查中涉及的 410 个贝叶斯网络参数进行估计，为事故调查报告深层次人因因素的推理研究奠定基础。

#### 1. 主观概率估计方法

通过专家知识获取的贝叶斯网络参数属于主观概率的范畴，主观概率是合理的信念的测度，是某人对特定事件会发生的可能性的信念、意见或看法。虽然，主观概率具有很强的主观特性，但它是将个人经验、知识及客观情况综合的基础上利用相关信息进行分析、推理、综合判断而获得的，与主观臆测有本质上的区别。本节将在介绍几种主观概率的方法的基础上，通过比较分析选取贝叶斯网络参数的获取方法。

目前常用的主观概率确定方法有概率轮盘法、打赌法和语义-数字概率估计方法。本节将在介绍上述三种主观概率确定方法的基础上，选择适用于设计煤矿安全事故人因的贝叶斯网络参数方法。

（1）由美国斯坦福大学教授 Howzud 提出的概率轮盘法能直接获得未知事件发生的主观概率估计，但如果被测者认为两种事件发生的可能性相等，则试验中止；若不等，则需要重复试验，找出不等的原因，该方法适合简单概率的确定问题。由于本节涉及因素所需的主观概率估计较多，因此采用该方法获取贝叶斯网络参数的工作量较大。

（2）打赌法涉及事件对于决策者的实际价值，且事件的空间样本只有两个。本节所构建贝叶斯网络模型结点的空间样本较多，并且与决策者的实际价值无关，打赌中的选项很难概念化。此外，由于贝叶斯网络结构较复杂，所以利用打赌法确定贝叶斯网络参数的效率不高、费时问题较突出。综上所述，打赌法不能有效地解决煤矿操作者状态对不安全行为影响的贝叶斯网络参数设计问题。

（3）语义-数字概率估计方法是将文字概率与数字概率相结合的主观概率估计方法。文字概率和数字概率都是不确定性的表达方式，它们各自特有的属性使语义-数字概率估计方法既能发挥文字概率特有的优势，又能保持数字概率客观易被量化的特性。目前已证实，该方法可用于决策支持系统，且已在医疗、控制等方面得到广泛应用。例如，Renooij 和 Witteman 提出文字概率与数字概率结合的理念，通过词组筛选、排序、概率转化及验证四个实验，确定了最终的语意和数字概率对照图，设计了概率刻度尺来处理不确定性问题，并表明双刻度概率估计尺可用于贝叶斯网络或其他需要较多条件概率的系统[63]。进一步，Witteman和 Renooij 通过实验证明了语意-数字相结合的概率取得方法在更多领域评估过程中的便捷性[64]。van der Gaag 等通过运用语义分析法构建概率网络，从而对食道癌不同阶段的人数分布情况进行概率估计，将概率估计结果与实际情况进行对比，发现采用该方法获得的估计值与实际值接近[65]。Piercey 通过分析文字和数字概率在判断和决策中的区别，得出了人们更偏向于文字概率评估的结论[66]。在国内，许洁虹和李纾对英文文字概率的发展过程进行了综述，提出中国人使用很少的概率词去表达不确定的信念[67]。杜雪蕾等提到国内对中文概率词汇的研究较少，并且目前尚缺乏中文与数字概率的对应关系的相关研究[68]。基于此，本节将采用语义-数字概率估计方法获取贝叶斯网络参数。但是，由于目前缺乏中文与数字概率之间的一致性研究，为了更为准确地表达语义-数字概率标尺，因此，本节并未将英文概率词汇翻译成中文。

语义-数字概率估计（verbal-numerical probability assessment）有两个最重要的要素：一是概率的表示格式，包含文字概率和数字概率；二是概率刻度尺（the response scale）。该方法就是专家运用自己领域内的知识和个人经验，结合文献信息将所需的概率信息以语句的形式表述出来，然后利用概率刻度尺确定所需的概率信息。以下是文字-数字概率估计方法中采用的概率刻度尺，如图4-6所示。

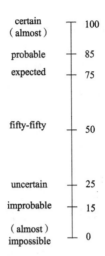

图 4-6　文字与数字概率估计的概率刻度尺

资料来源：Renooij S, Witteman C. Talking probabilities：communicating probabivistic information with words and numbers[J]. International Journal of Approximate Reasoning, 1999, 22（3）：169-194

现有的研究表明，对同一文字概率词，汉语的数字转化值和英语的数字转化值并不匹配，因此本书并未将刻度尺中的英语转化为中文。在图 4-6 中，概率刻度尺由七个锚分成不等的六段并且拥有两种刻度，左边是文字刻度，通过"certain""probable""expected""fifty-fifty""uncertain""improbable""impossible"七个词表示事件发生的语义概率；右边是数字刻度，标有 100、85、75、50、25、15、0 七个数值表示时间发生的数字概率。采用这种方法最大的难点就是通过对所需概率信息的充分理解，将所需概率用文字语句来描述。

2. 基于语义-数字概率估计方法的贝叶斯网络参数估计

本节通过设计模糊语义-数字概率估计方法对专家进行语义问卷调查，进而通过三角模糊数对所得数据进行可靠性处理，最终得出事故调查报告中未体现人因因素的贝叶斯网络参数。

很明显，语言（如可能）或数字（如 30%）是两种描述事件发生可能性的不同形式。与语言形式相比，数字更精确；但是语言也包含了比数字更多的语义内容，并且对人们来讲更容易并且更自然[69]。虽然，大量的研究文献表明两种描述事件发生可能性的形式本质上没有过多的区别[65, 70]，但考虑到语言的模糊特性，本节用三角模糊数与语义刻度相对应，并且模糊数的隶属函数形式为

$$A(x)=\begin{cases}0, & x<n \\ (x-a)/(n-a), & a\leqslant x<n \\ (b-x)/(b-n), & n\leqslant x<b \\ 0, & x>b\end{cases} \qquad （4-7）$$

称 $\tilde{A}$ 为一个三角模糊数,记作 $\tilde{A}=(a,n,b)$,其中,$a$ 和 $b$ 分别为三角模糊数的下确界和上确界。对于两个三角模糊数 $\tilde{A}_1=(a_1,n_1,b_1)$ 和 $\tilde{A}_2=(a_2,n_2,b_2)$,有如下运算法则:

$$\tilde{A}_1+\tilde{A}_2=(a_1+a_2,n_1+n_2,b_1+b_2)\tag{4-8}$$

$$\tilde{A}_1\times\tilde{A}_2=(a_1\times a_2,n_1\times n_2,b_1\times b_2)\tag{4-9}$$

$$k\tilde{A}_1=(ka_1,kn_1,kb_1)\tag{4-10}$$

$$\tilde{A}_1\div\tilde{A}_2=(a_1\div a_2,n_1\div n_2,b_1\div b_2)\tag{4-11}$$

上述模糊数的隶属度函数图像如图 4-7 所示。

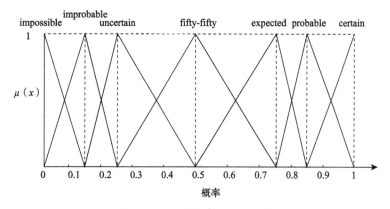

图 4-7 语义变量的隶属度函数

语义与三角模糊数的对应关系如表 4-2 所示。

表4-2 事件发生概率语义-数字值及对应的三角模糊数

| 序号 | 语义值 | 三角模糊数 |
|---|---|---|
| 1 | certain | (0.85, 1, 1) |
| 2 | probable | (0.75, 0.85, 1) |
| 3 | expected | (0.5, 0.75, 0.85) |
| 4 | fifty-fifty | (0.25, 0.5, 0.75) |
| 5 | uncertain | (0.15, 0.25, 0.5) |
| 6 | improbable | (0, 0.15, 0.25) |
| 7 | impossible | (0, 0, 0.15) |

根据煤矿安全事故人因的贝叶斯网络因果图,将所需估计的概率信息通过语句的形式表述出来,构建煤矿安全事故人因的概率估计选项卡,选项卡的右上角是所需估计的概率信息,选项卡的左端是所需概率信息的文本描述,右端为拥有双标尺的概率刻度尺,如图 4-8 所示。

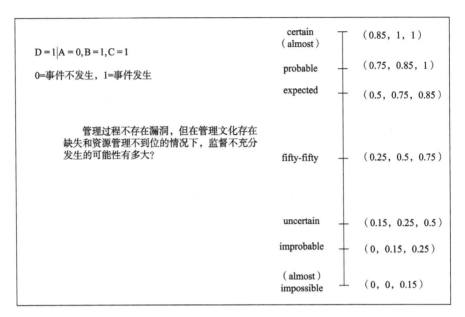

图 4-8　煤矿安全事故人因因素语义–数字概率调查问卷示意图

注：请您在右侧标尺的七个点上选取所估计的值，并在上面打对勾

在图 4-8 中，右上角"D=1|A=0，B=1，C=1"表示煤矿企业管理过程漏洞未发生、管理文化存在缺失并且资源管理不到位的情况下，煤矿企业出现监督不充分的概率。在将上述概率信息转化为文本信息的基础上，专家根据自身经验、知识确定时间发生的语义概率，进一步根据概率标度尺确定事件的模糊概率。

若存在 $g$ 位专家，并且根据第 $k(k=1,2,\cdots,g)$ 位专家给出的变量 $i$ 的取值为 $j(j=0,1)$ 的语义概率确定的三角模糊概率为 $\tilde{p}_{ij}^{k}=\left(a_{ij}^{k},m_{ij}^{k},b_{ij}^{k}\right)$，并且运用如下算数平均算法确定所有专家的综合模糊概率：

$$\tilde{p}_{ij}'=\omega_1\tilde{p}_{ij}^1\oplus\omega_2\tilde{p}_{ij}^2\oplus\cdots\oplus\omega_g\tilde{p}_{ij}^g=\left(a_{ij}',m_{ij}',b_{ij}'\right)$$

其中，$\omega_{k_1}\tilde{p}_{ij}^{k_1}\oplus\omega_{k_2}\tilde{p}_{ij}^{k_2}=\left(\omega_{k_1}a_{ij}^{k_1}+\omega_{k_2}a_{ij}^{k_2},\omega_{k_1}m_{ij}^{k_1}+\omega_{k_2}m_{ij}^{k_2},\omega_{k_1}b_{ij}^{k_1}+\omega_{k_2}b_{ij}^{k_2}\right)$，其中，$\omega_k$ 表示根据专家 $k$ 的知识、经验等因素确定的专家权重。进而，可通过解模糊方法确定事件的准确概率：

$$P_{ij}'=\frac{\left(a_{ij}'+2m_{ij}'+b_{ij}'\right)}{4}\tag{4-12}$$

上述方法已被运用到很多的领域，如马德仲等将三角模糊数与贝叶斯网络相结合，在选择专家对概率进行估计的基础上采取三角模糊数的方法对这些概率进行可靠估计，从而解决了贝叶斯网络参数的全面获得问题[71]；兰蓉和范九伦通过定义并证明三角模糊数集上新距离的完备性，在此基础上运用理想点法解决了多属性决策问题[72]。

最后将节点所处的不同状态下的精确概率值进行归一化处理，以满足不同状态概率之和为 1，如将节点 D 在某一条件下的不发生状态进行归一化后的结果为

$$P_{D_{i0}} = \frac{P_{D_{i0}}}{P_{D_{i0}} + P_{D_{i1}}} \qquad (4\text{-}13)$$

运用上述方法对涉及 K、L 的所有贝叶斯网络参数（352 个）以及其他节点未能统计获得的参数（58 个）进行评估，共计 410 个。本节选取三位专家，先通过文字描述获得事件相关信息，其中，山西煤矿集团安监员一名，煤矿安全事故分析人员两名。

# 4.4　煤矿安全事故人因的贝叶斯网络参数可信性检验

上节中对煤矿安全事故人因的贝叶斯网络参数进行了估计，估计的来源有两类：一是利用煤矿安全事故报告分析结果通过最大似然估计算法获得；二是利用设计的模糊语义-数字概率方法通过专家知识获得。因此，两类参数之间的一致性以及节点之间的独立性是构建的煤矿安全事故人因贝叶斯网络模型可靠性的必要条件。因此，本节将对所构建贝叶斯网络模型的节点独立性、参数灵敏度和一致性分别进行检验，从而确保煤矿安全事故人因贝叶斯网络的可靠性。

## 4.4.1　节点的条件独立性检验

互信息是刻画两个随机变量之间相关性的度量值，其表示为 $I(X_i, X_j)$，互信息具有非负性，当且仅当 $X_i$ 和 $X_j$ 相互独立时，$I(X_i, X_j) = 0$，并且当 $X_i = X_j$ 时，$I(X_i, X_j) = 1$。当 $X_i$ 和 $X_j$ 越倾向于独立，则 $I(X_i, X_j)$ 的值越接近于 0，并且当 $I(X_i, X_j) \leqslant 0.01$，则可近似地认为 $X_i$ 和 $X_j$ 相互独立；反之，当 $X_i$ 和 $X_j$ 的相关性越强，则 $I(X_i, X_j)$ 的值就会增大，一般认为大于 0.01 即不独立。因此，互信息适合随机变量之间的独立性检验。互信息 $I(X_i, X_j)$ 的计算公式为

$$I(X_i, X_j) = I(X_j, X_i) = H(X_i) - H(X_i | X_j) = \sum_{x_i, x_j} P(x_i, x_j) \log \frac{P(x_i, x_j)}{P(x_i) P(x_j)} \qquad (4\text{-}14)$$

其中，$H(X_i)$ 是随机变量 $X_i$ 的熵；$H(X_i|X_j)$ 是随机变量 $X_i$ 和 $X_j$ 的条件熵，并且

$$H(X_i) = -\sum_{x \in X_i} P(x) \log P(x)$$

$$H(X_i|X_j) = -\sum_{x \in X_i, y \in X_j} P(x,y) \log P(x|y)$$

虽然贝叶斯网络参数的独立性检验较复杂，但是利用现有的计算机软件如 Netica 可以很方便地完成，以节点 O 为例，利用 Netica，其互信息如表 4-3 所示。

表4-3　节点O的互信息

| 节点 | 方差缩减 | 互信息 | 百分比 | 信念的方差 |
|------|----------|--------|--------|------------|
| O | 0.999 9 | 0.999 93 | 100 | 0.249 975 8 |
| I | 0.072 75 | 0.053 69 | 5.37 | 0.018 186 3 |
| K | 0.031 83 | 0.023 09 | 2.31 | 0.007 957 3 |
| L | 0.028 96 | 0.021 08 | 2.11 | 0.007 239 1 |
| J | 0.017 98 | 0.013 03 | 1.3 | 0.004 494 0 |
| Q | 0.012 83 | 0.009 29 | 0.929 | 0.003 206 7 |
| P | 0.012 81 | 0.009 26 | 0.926 | 0.003 201 3 |
| R | 0.008 1 | 0.005 85 | 0.585 | 0.002 025 1 |
| E | 0.005 56 | 0.004 02 | 0.402 | 0.001 390 1 |
| D | 0.005 295 | 0.003 83 | 0.383 | 0.001 323 7 |
| B | 0.001 983 | 0.001 43 | 0.143 | 0.000 495 7 |
| G | 0.001 009 | 0.000 73 | 0.072 8 | 0.000 252 3 |
| H | 0.000 779 7 | 0.000 56 | 0.056 3 | 0.000 194 9 |
| C | 0.000 740 7 | 0.000 53 | 0.053 4 | 0.000 185 2 |
| N | 0.000 177 5 | 0.000 13 | 0.012 8 | 0.000 044 4 |
| M | 0.000 173 9 | 0.000 13 | 0.012 5 | 0.000 043 5 |
| F | 0.000 161 5 | 0.000 12 | 0.011 7 | 0.000 040 4 |
| A | 0.000 116 4 | 0.000 08 | 0.008 4 | 0.000 029 1 |

根据表 4-3，与 O 不相连的各个节点的互信息值均小于 0.01，因此，节点 O 与其他节点相互独立。同理，其他节点均通过了独立性检验。

### 4.4.2　参数的灵敏度分析

灵敏度分析即为微观变化对所建立模型的整体影响，可分为全局灵敏度分析和局部灵敏度分析。局部灵敏度分析又称一次变化法，用于检验单个参数变化时

对结果的影响，有因子变化法和偏差变化法两种变换法。全局灵敏度分析是在局部灵敏度分析的基础上进行改进，使分析结果更接近实际，其过程较为复杂。由于本节仅对参数作简单的灵敏度检验，故采用较为简单的因子变化法作局部灵敏度分析。

因子变化法是将某一个待分析参数增加或减少一个幅度（如10%），其他参数都不变的情况下，观察其对整个模型的影响。本章以变量O为例，对其直接造成影响的变量有 H、I、J、K、L，对其造成间接影响的变量有 A、B、C、D、E、F、G，当仅有一个变量（如H）发生的可能性增加 10%，且其他变量都不发生变化时，变量 O 发生可能性的变化情况如表4-4 所示。

表4-4 不同参数增加10%时变量O的变化幅度表

| 参数 | H | I | J | K | L | D | E | F | G | A | B | C |
|------|-----|-----|-----|-----|-----|-----|-----|------|-----|-----|-----|-----|
| | 10% | 10% | 10% | 10% | 10% | 10% | 10% | 10% | 10% | 10% | 10% | 10% |
| O | 0.3% | 3.3% | 1.4% | 1.4% | 1.3% | 0.6% | 0.6% | −0.1% | 0.2% | 0.2% | 0.3% | 0.2% |

由此可见，变量I（个人的准备状态）对O（技能差错）的影响最大，F（没有及时发现并纠正问题）对O的影响最小。同样，将贝叶斯网络图中的每个节点进行灵敏度分析，均能将对其造成影响的变量进行大小排序，从而从主观上判定贝叶斯网络参数设置的合理性。

### 4.4.3 煤矿安全事故人因贝叶斯网络参数的一致性检验

本节所获得的贝叶斯网络参数来源于两个方面，它们之间是否一致决定了贝叶斯网络模型的可靠性和有效性，因此，检验两者之间的一致性是非常必要的。相对误差是检验估计值准确性和可靠性的常用方法之一，一般认为相对误差值小于 5%，则估计可靠。若 $P'_{ij}$ 表示估计值，$P_{ij}$ 表示准确值，其相对误差的计算公式为

$$\eta = \frac{\left| P'_{ij} - P_{ij} \right|}{P_{ij}} \times 100\% \qquad (4-15)$$

要保证估计值的可靠性，就要与统计值进行比较，若二者之间差异较大，则说明至少有一方的值是不准确的，若二者差异较小，则说明它们之间是一致的，故而对无法统计获得的参数估计是可靠的。本节以通过统计所得的贝叶斯网络参数为准确值，以通过语义分析法所得的贝叶斯网络参数为估计值，因此，只要在 85 对（节点事件发生与不发生所得参数为一对）统计出的贝叶斯网络参数中随机选取一定量的参数进行估计，然后进行相对误差检验，就能比较出二者之间差别的大小。本节共选取 25 对参数进行相对误差检验，按比例在各个节点的对应

参数中进行随机选取，其相对误差如表4-5所示。

**表4-5 统计值、估计值及其相对误差表**

| 参数 | 准确值 | 估计值 | 相对误差/% | 参数 | 准确值 | 估计值 | 相对误差/% |
|------|--------|--------|-----------|------|--------|--------|-----------|
| $P_{D40}$ | 0.375 | 0.371 | 1.067 | $P_{D41}$ | 0.625 | 0.629 | 0.640 |
| $P_{D60}$ | 0.600 | 0.599 | 0.167 | $P_{D61}$ | 0.400 | 0.401 | 0.250 |
| $P_{E30}$ | 0.429 | 0.430 | 0.233 | $P_{E31}$ | 0.571 | 0.570 | 0.175 |
| $P_{F20}$ | 0.375 | 0.371 | 1.067 | $P_{F21}$ | 0.625 | 0.629 | 0.640 |
| $P_{F40}$ | 0.793 | 0.792 | 0.126 | $P_{F41}$ | 0.207 | 0.208 | 0.483 |
| $P_{G30}$ | 0.393 | 0.386 | 1.781 | $P_{G31}$ | 0.607 | 0.614 | 1.153 |
| $P_{G70}$ | 0.643 | 0.642 | 0.156 | $P_{G71}$ | 0.357 | 0.358 | 0.280 |
| $P_{H20}$ | 0.760 | 0.762 | 0.263 | $P_{H21}$ | 0.240 | 0.238 | 0.833 |
| $P_{I20}$ | 0.375 | 0.386 | 2.933 | $P_{I21}$ | 0.625 | 0.614 | 1.760 |
| $P_{I30}$ | 0.286 | 0.288 | 0.699 | $P_{I31}$ | 0.714 | 0.712 | 0.280 |
| $P_{J20}$ | 0.500 | 0.512 | 2.400 | $P_{J21}$ | 0.500 | 0.488 | 2.400 |
| $P_{J40}$ | 0.200 | 0.197 | 1.500 | $P_{J41}$ | 0.800 | 0.803 | 0.375 |
| $P_{M50}$ | 0.412 | 0.401 | 0.243 | $P_{M51}$ | 0.588 | 0.599 | 0.170 |
| $P_{M70}$ | 0.611 | 0.614 | 0.491 | $P_{M71}$ | 0.389 | 0.386 | 0.771 |
| $P_{N30}$ | 0.600 | 0.586 | 2.333 | $P_{N31}$ | 0.400 | 0.414 | 3.500 |
| $P_{N50}$ | 0.353 | 0.351 | 0.567 | $P_{N51}$ | 0.647 | 0.649 | 0.309 |
| $P_{O120}$ | 0.684 | 0.680 | 0.585 | $P_{O121}$ | 0.316 | 0.320 | 1.266 |
| $P_{P230}$ | 0.565 | 0.570 | 0.885 | $P_{P231}$ | 0.435 | 0.430 | 1.149 |
| $P_{P310}$ | 0.529 | 0.538 | 1.701 | $P_{P311}$ | 0.471 | 0.462 | 1.911 |
| $P_{R450}$ | 0.400 | 0.409 | 2.250 | $P_{R451}$ | 0.600 | 0.591 | 1.500 |
| $P_{R460}$ | 0.400 | 0.386 | 3.500 | $P_{R461}$ | 0.600 | 0.614 | 2.333 |
| $P_{R610}$ | 0.667 | 0.659 | 1.199 | $P_{R611}$ | 0.333 | 0.341 | 2.402 |
| $P_{R620}$ | 0.667 | 0.680 | 1.949 | $P_{R621}$ | 0.333 | 0.320 | 3.904 |
| $P_{R630}$ | 0.667 | 0.666 | 0.150 | $P_{R631}$ | 0.333 | 0.334 | 0.300 |
| $P_{R930}$ | 0.500 | 0.488 | 2.400 | $P_{R931}$ | 0.500 | 0.512 | 2.400 |

注：$P_{D40}$表示节点 D 不发生时的第 4 个条件概率，$P_{D41}$表示节点 D 发生时的第 4 个条件概率，依次类推

由表 4-5 可以看出，相对误差均小于 5%，可见估计值与统计值之间是相一致的，也就是说，对于无法由统计获得的参数可以通过专家估计来获得，并且所得的参数是相对准确和可靠的。

# 4.5　煤矿安全事故人因贝叶斯网络的推理

　　本节将以前面构建的煤矿安全事故人因的贝叶斯网络模型为基础，以煤矿安全事故调查报告为样本，在给定变量（事故报告中已体现出的人因因素）的基础上，通过联合树推理算法推算一组查询变量（深层次原因）的概率，从而弥补事故调查报告中对深层次人因因素调查不充分的缺陷。

　　贝叶斯推理是贝叶斯网络的重要内容，它是在已知贝叶斯网络结构和网络参数的基础上，利用已知证据变量计算非证据变量的后验概率的过程。贝叶斯推理问题最早是由英国牧师贝叶斯发现的一种归纳推理方法，后来发展成具有影响力的统计学派。贝叶斯推理问题是条件概率推理问题，它总是通过具体事例进行表述，主要分为后验概率问题、最大后验假设问题及最大可能解释问题，这三类问题都是 NP 难解的。根据随机变量扮演的角色的不同，可把概率推理分成以下 4 种。

　　（1）诊断推理。它是从结果到原因的推理，根据结果查询造成这种结果的原因，这是一种反向推理。

　　（2）预测推理。它是从原因到结果的推理，已知原因，计算出现特定结果的概率。这是一种正向推理。

　　（3）原因关联推理。它是针对同一结果，在它的不同原因之间进行的推理。

　　（4）混合推理。它是上述三种推理的综合运用。

　　贝叶斯推理的常用方法较多，根据贝叶斯网络的复杂度不同，可分成两类：精确推理算法和近似推理算法。精确推理算法包括变量消元法、联合树算法等，它适用于网络结构较简单且连接稀疏的网络，而当网络节点众多且连接稠密时，精确推理算法将不再适用。此时需要考虑近似推理算法，如随机抽样算法、变分法、模型简化法和基于搜索的算法。表 4-6 是几种贝叶斯推理算法的比较。

**表4-6　贝叶斯推理算法比较**

| 算法名称 | 所属类别 | 算法的关键步骤 | 算法的优点 |
| --- | --- | --- | --- |
| 消息传递算法 | 精确推理算法 | 消元传递方案 | 计算简单，快速 |
| 联合树算法 | 精确推理算法 | 寻找最大团结点的最小联合树 | 速度最快，应用范围广 |
| 变量消元法 | 精确推理算法 | 消元顺序 | 适用于单网络 |
| 随机抽样算法 | 近似推理算法 | 抽样算法 | 效果较好，算法发展完善 |
| 循环传播法 | 近似推理算法 | 算法收敛性 | 收敛情况下近似效果好 |
| 模型简化法 | 近似推理算法 | 简化模型精度估计 | 简单有效，多用于实时推理 |
| 基于搜索的算法 | 近似推理算法 | 满足精度要求状态集合求解 | 多用于实时网络的计算 |

本节构建的煤矿安全事故人因的贝叶斯网络模型只包含 18 个节点变量，与大型网络相比属于简单网络，所以可采用精确推理算法进行推理。因此，本节采用联合树推理算法。

联合树（junction tree）算法，又称Clique tree算法、Clustering算法，它是先做共享运算，再做非共享运算，通过步骤共享来加快推理的效率，因此它的计算速度最快，并且应用也最广泛。联合树算法是将用联合树的方式来表述条件概率分布，也就是将贝叶斯网络结构转变成联合树，然后利用消息在联合树上的传递进行概率推理，该算法具体步骤如下[73]。

第 1 步：网络结构的无向化。把所有的具有共同父节点的子节点用直线连接起来，即把有向边改成无向边。此时，所得到的图称为道德图。

第 2 步：无向图的三角化。三角化就是破除无向图中超过三个节点的环。若存在，可以通过增加边来破除。

第 3 步：联合树的构建。三角化之后的无向图中每个三角形都代表了一个节点，且相邻的三角形存在一条共享边，此边即为两个节点之间的中间节点。

第 4 步：贝叶斯网络的初始化。初始化就是为联合树的所有节点设置参数，换句话说就是将获得的条件概率添加到联合树中。该过程也称为初始化。

第 5 步：消息传递。消息通过团与团节点进行传递，进而使联合树能够达到全局一致的稳定状态。

第 6 步：信度计算。当联合树达到稳态时就可以计算任意随机变量的概率分布。寻找任意一个含有随机变量 $Q$ 的团 $C_Q$，并且 $P(Q) = \sum_{C_Q \backslash Q} \varphi_Q$。

第 7 步：证据加入。加入新证据（将证据变量设为 $E$）后稳态被打破，再次进行证据收集和证据扩散的过程，直到得到全局一致的联合树为止。加入证据后，根据贝叶斯定理计算随机变量的后验概率 $P(Q|E)$：

$$P(Q|E) = \frac{P(Q,E)}{P(E)} = \frac{P(Q,E)}{\sum_Q P(Q,E)} \tag{4-16}$$

其中，$P(Q,E) = \Sigma_{C_Q \backslash Q} P(C_Q, E) = \Sigma_{C_Q \backslash Q} \varphi_{CQ}$。

联合树算法的流程如图 4-9 所示。

本节借助联合树算法，以煤矿安全事故调查报告为样本，在给定一组证据变量（煤矿安全事故人因因素）确切值的情况下，计算一组查询变量（煤矿安全事故的深层次人因）的概率，从而实现事故深层次原因的概率推测，从而解决现有煤矿安全事故调查报告对深层次人因调查不充分的问题。

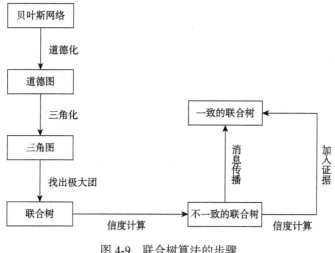

图 4-9　联合树算法的步骤

# 4.6　煤矿安全事故深层次人因的推理案例

本节选取山西汾西正升煤业有限责任公司"9·28"重大水害事故进行深层次人因推理，此次事故发生于 2013 年 9 月 28 日 3 时许，这起重大透水事故共造成 10 人死亡，直接经济损失 1 756 万元。通过对事故调查报告进行详细分析，共提取造成事故的 6 项人因因素：矿井建设项目管理混乱属于管理过程漏洞（A）；防治水专业技术人员配备不足属于资源管理不到位（C）；未严格执行《煤矿防治水规定》属于违规监督（G）；现场作业人员在出现透水征兆的情况下未引起足够重视，未及时采取停止施工、撤出人员等有效措施属于个人的准备状态差（I）；煤壁不能承受小煤窑采空区积水压力属于物理环境差（M）、职工水害辨识和防治能力差属于决策差错（P）。将这 6 个人因因素作为证据，通过 Netica 软件对未知变量进行贝叶斯网络推理，可得到如图 4-10 所示的结果。

从图 4-10 中可以看出，造成此次事故发生的深层次人因因素中，发生可能性最大的为管理文化缺失和监督不充分，其发生概率均为 90.5%，说明企业对安全工作的不重视、对员工专业培训不到位、思想教育不够及管理者责任心不强等，是造成事故的主要原因；接下来是没有及时发现并纠正问题，它发生的概率是 83%，说明对潜在危险的发现不及时等是诱发事故的重要原因；还有员工精神状态差和身体/智力局限，其概率分别是 79% 和 74.8%，同样也比较高，说明员工操作时注意力不集中、安全意识差和处理应急问题经验不足等同样是诱发事故的原因；最后，知觉差错发生的概率为 85%，说明在透水事故发生之前，员工并没

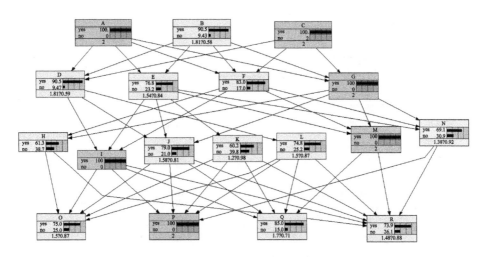

图 4-10　汾西正升煤业有限责任公司"9·28"重大水害事故人因贝叶斯网络推理图

有对打锚杆时钻孔已出现较大水流，且水发臭、发红的征兆加以重视，而是错误判断周围环境，认知情况与实际情况不一致，不但没有及时采取停止施工、撤出人员等有效措施，甚至在水流变小后启动综掘机继续掘进，最终造成事故发生。这些因素发生的概率均较大，而事故调查报告中并没有充分体现，更没有就造成事故的深层次原因加以追究，因此，本节对深层次人因因素的推理研究可以对事故调查报告的缺陷进行弥补完善，并且为企业制定应急预防措施提供帮助。

# 4.7　本章小结

首先，本章结合基本理论和事故报告构建出较为完善的贝叶斯网络因果图，而不仅仅是通过对事故报告进行分类统计获得。这样，就弥补了事故报告中对深层次人因因素描述不充分的缺陷，使所形成的贝叶斯网络因果图更为客观。

其次，本章将语义-数字概率刻度尺融入语义分析问卷中，符合人们通过文字进行直觉性思考的同时，又使人们通过数字概率进一步地进行分析性思考。也就是说，在人们认为这件事可能发生的同时，确定这件事发生的具体可能性大小。这样，文字和数字的结合，使对不确定性信息的估计更为准确。

最后，利用案例验证了构建的煤矿安全事故人因贝叶斯网络的正确性。

# 第5章 煤矿安全事故的综合致因模型研究及编码研究

煤矿事故常常是人、机、环境等诸多因素相互作用的结果，设备和环境也是煤矿安全事故产生的重要致因因素。例如，1996年11月，由于设备零件加工原因，绞车滚动轴承内径与主轴轴径的配合出现间隙致使主轴轴径磨损，造成龙煤集团南山煤矿副井停产14天的事故；1998年闽北地区突发洪灾，地处河流附近的煤矿，因河水暴涨而被淹，造成巨大的经济损失；山西省汾西矿业集团2007~2012年发生煤矿瓦斯误报事故36起；2007年8月8日，山西汾西矿业集团电缆绝缘性差造成进线电缆头被击穿，导致主扇因供电故障停运8小时，造成全矿井下瓦斯超限停产16小时，造成经济损失256.2万元。因此，设备和环境因素也是煤矿安全事故产生的重要因素。

事故致因理论作为人们长期生产经验和智慧的结晶之一，是系统安全科学的基石。自20世纪初至今，众多的学者对事故的综合致因因素进行了研究，先后出现了十几种具有代表性的反映安全观念的事故致因理论、模型。例如，1919年Greenwood和Woods从人的固有缺陷出发提出，后来又由Newboid及Farmer等补充的"事故频发倾向"论[74]。Heinrich从"事件链"的角度分析事故的形成过程，提出了事故因果连锁论[75]。博德提出包含管理缺陷、个人及工作条件的原因、人的不安全行为或物的不安全状态的"管理失误论"，并且指出事故是人体或物体与超过其承受阈值的能量接触，或人体与妨碍正常生理活动的物质的接触。此外，威格里沃思提出的"一般人误模型"，该模型认为人失误构成了所有类型事故的基础[76]。还有"能量意外释放论"，该理论认为事故是一种不正常的或不希望的能量释放并转移于人体或设备，各种形式的能量是造成伤害或损坏的直接原因[77]。除此之外还有，"两类危险源理论"，该理论认为事故的发生往往是两类危险源共同作用的结果[78]。第一类危险源是拥有能量的能量体，它有可能导致能量的意外释放，是第二类危险源出现的前提，并决定事故后果的严重程度；第二类危险源是导致能量约束或屏蔽实效的各种因素，包括物的故障、人的失误和环境因素，是事故的必要条件，决定事故发生的可能性[79]。Skalle 等将设备因素和人因因素结合建立了油井钻探事故的致因模型[80]。国内大量的学者也对事故的致因模型进行了大量的研究。例如，范秀山针对事故内因、外因确定 5 对连锁因果关系，引入生产、事故、物质、能量、作业场所、安全管理、企业、政府和社会等安全要素，与故障树分析方法密切结合，建立了缺陷塔模型[81]。在煤矿领域，很多学者也做了大量的研究。例如，傅贵等提出的行为安全"2 - 4"模型[82, 83]，张文江和宋振骐认为煤矿安全事故与煤矿地质条件及环境的发展变化规律有关，提出了针对性的事故预测和控制理论[84]。苗德俊在人的因子、物的因子、能量因子、信息因子、危险因子、事故因子等概念的基础上，建立了煤矿事故的致因模型并利用该模型对煤矿瓦斯爆炸事故进行了分析和模拟仿真等[85]。

　　通过回顾事故致因理论的研究成果，大体经历了单因素理论（如早期的事故频发倾向论）到双因素理论（如海因里希的连锁论）、三因素理论，最后到多因素理论（如 Reason 的复杂系统因果模型）的发展历程，体现了人类认识的不断深化，是随着生产力水平和科学技术的不断进步，生产形式及工艺流程的不断革新，人在生产过程中所处地位的不断改变等而不断发展的。

　　本章将在上述研究的基础上，将煤矿安全事故的设备因素（包含传感层、传输层、执行层）、环境因素（包括地质条件和作业环境）与 HFACS 相结合，构建煤矿安全事故的致因模型，并将该模型应用到煤矿安全事故案例的分析中。

　　进一步，现有的事故报告主要是以文本的形式存在，只能以案例汇编的形式建立其文本型数据库，致使事故原因的查询和分析非常不便，因此有必要将煤矿安全事故报告的纯文本数据转化为关系型数据，以便有效地利用煤矿安全事故"大数据"挖掘导致煤矿事故发生的内在规律性和潜在因素。为此，本章将基于构建的煤矿安全事故综合致因模型建立煤矿安全事故致因的数据模型，为建立煤矿安全事故数据库奠定基础。

# 5.1　煤矿安全事故综合致因模型的构建

　　本章将针对 HFACS 框架偏重于人因分析且国内事故大多为责任事故的特点，以 HFACS 框架为基础，引入环境、设备等事故影响因素，建立一个包括人、机、环境等因素的煤矿安全事故综合致因模型。

### 5.1.1 煤矿安全事故的设备致因因素

随着装备水平的不断提高，大批的先进设备被引入煤炭生产过程中，极大地提高了煤炭生产的效率，同时也使煤矿生产的不安全因素越来越复杂。例如，据统计分析，我国煤矿机电事故发生率仅次于顶板事故、瓦斯事故、运输事故和放炮事故；山西省汾西矿业集团 2007~2012 年发生煤矿瓦斯误报事故 36 起，究其原因主要是瓦斯传感器对矿井瓦斯浓度的错误感应。因此，设备是煤矿安全事故产生的重要致因因素之一。煤矿生产涉及设备众多，主要包括以下几类（表 5-1）。

**表5-1 煤矿设备明细**

| 设备分类 | 设备名称 |
|---|---|
| 煤矿安全设备 | 防跑车装置、井下监控系统、监测设备、防灭火设备、检测设备、除尘设备、瓦斯抽放泵站、真空泵、测尘仪、呼吸器、喷雾泵站、自救器、煤矿气体测定仪、报警仪 |
| 井下运输设备 | 刮板输送机、运输车、带式输送机、单轨吊车、转载机、制动器、柴油机车、架空乘人装置、无轨牵引车、轨道牵引车、矿车 |
| 支护设备 | 液压支架、混凝土喷射机、乳化液泵站、锚杆钻机、单体液压支柱、气动锚索钻机、摩擦式金属支柱、锚索及锚索张拉机具、金属顶梁、锚杆及配套设备、锚杆钻车、注浆泵、顶板监测仪器 |
| 提升设备 | 运输绞车、凿井绞车、慢速绞车、绞车装置、液压绞车、回柱绞车、提升机、箕斗、牵引绞车、罐笼 |
| 煤矿供电设备 | 矿用变压器、煤矿电网测控系统、移动变电站、断电器、防爆开关、高低压开关柜、隔离开关、矿用变频调速器 |
| 采煤设备 | 滚筒采煤机、刨煤机、电牵引采煤机、煤电钻、液压牵引采煤机、煤矿用注水泵站、连续采煤机 |
| 煤矿排水设备 | 离心泵、旋涡泵、泥浆泵、潜水泵、高压泵、渣浆泵、污水泵 |
| 掘进设备 | 掘进机、空气压缩机、凿岩机、电钻、装岩机、气镐、液压钻车 |
| 井下通风设备 | 风速仪、通风机、通风管、风筒 |
| 井下通信设备 | 通信装置、调度机、通信分站、通信控制系统、通信信号机、信号设备 |

依据煤矿设备的功能，对设备进行综合分类，分类情况见表 5-2。

**表5-2 煤矿用设备综合分类表**

| 设备分类 | 定义 | 设备举例 |
|---|---|---|
| 传感设备 | 煤矿生产过程中能感受到被测量物的相关信息，并将检测感受到的信息以一定规律变换成为电信号或其他形式的信息的设备 | 风速仪、煤矿气体测定仪、报警仪、监测设备、井下监控系统、顶板监测仪器、检测设备、测尘仪、井下监控系统等 |
| 传输设备 | 煤矿生产过程中通信以及相关信息传输和交换装置 | 通信装置、调度机、通信分站、通信控制系统、通信信号机、信号设备等 |
| 执行设备 | 由煤矿生产中的掘进、运输、抽放、电气、支护、提升、安全等方面的机械设备构成 | 滚筒采煤机、刨煤机、液压牵引采煤机、高压泵、泥浆泵、空气压缩机、通风管、混凝土喷射机、轨道牵引车、矿车、刮板输送机、自救器、真空泵、瓦斯抽放泵站、除尘设备等 |

根据煤矿设备的综合分类，煤矿安全事故的设备致因因素主要包含传感层方面的不安全因素、传输层方面的不安全因素和执行层方面的不安全因素，分别对其进行归纳总结，具体的设备致因因素见表5-3。

**表5-3　煤矿安全事故设备致因因素**

| 层次 | | | 内容 | 表现形式 |
|---|---|---|---|---|
| 设备因素 | 传感层 | 传感器方面的不安全因素 | 传感器失灵 | 传感器工作过程中偏离正常工作状态的现象 |
| | | | 传感器缺失 | 缺乏相关的传感设备和视频设备 |
| | | | 传感精度差 | 传感设备测量结果的准确程度差 |
| | | | 传感器误报 | 传感器对环境的错误判断造成的报警 |
| | 传输层 | 信息传输和交换装置方面的不安全因素 | 线路干扰 | 环境、电子设备干扰传输信号接收 |
| | | | 线路中断 | 通信线路中断 |
| | | | 交换设备故障 | 井下交换机、交换分站、调度机、信号设备等方面的故障 |
| | 执行层 | 掘进、运输、抽放、电气、支护、提升、安全等设备方面的不安全因素 | 设备功能缺陷 | 设备功能在设计时没有考虑到的安全隐患 |
| | | | 设备可靠性差 | 设备的可靠性差而造成的工作失误 |
| | | | 设备缺乏 | 相关设备不足 |
| | | | 偶发型设备故障 | 不可预见的设备故障 |

## 5.1.2　煤矿安全事故的人因致因因素

人因是煤矿安全事故产生的主要因素，已有的研究表明，我国导致煤矿安全事故发生的直接或间接原因中，人因所占比率高达97.67%。到目前为止，安全事故的人因分析主要是在某种分析模型（即便是最简单的因果模型）的基础上，利用历史数据挖掘事故发生的内在规律。HFACS是目前应用最广泛的安全事故人因分析模型，主要集中于不安全行为及其潜在条件的分析和分类上，其指标较全面地描述了安全事故中涉及组织、个人的所有不安全行为。目前已被美国空军和航空管理局作为事故分析和评价事故预防方案的指定工具与方法。因此，选取HFACS来描述煤矿安全事故的人因致因因素。

但是HFACS是以航空安全事故为背景设计的人因分析模型，其指标内涵与煤矿安全事故中的表现形式难以精确对应或其对应关系具有一定的模糊性，并且利用HFACS对事故人因的分析主要依赖于事故调查报告的描述和分析人因的联想，因此，不同分析人员对同一组事故报告分析常常得出不一致的结果。因此，本章从事故人因的表现形式角度，对HFACS指标进行诠释，以提高HFACS分析结果的一致性。进一步，由于煤矿安全事故的环境致因因素中已详细分析了事故产生的物理因素，因此将 HFACS 指标中的物理环境删除形成了新的煤矿安全事故的人因致因因素，见表 2-1（删除物理环境因素）。

### 5.1.3　煤矿安全事故的环境因素

煤炭开采方式主要有矿井开采和露天开采两种方式，我国可露天开采的煤炭储量仅占 7.5%，因此我国的煤矿主要以矿井开采为主。目前，我国矿井开采的平均深度为 600 米，并且每年以 8~12 米的速度递增（东部地区为 10~20 米）。随着开采深度的增加，地应力、瓦斯压力、地温也越来越高，各种灾害的威胁逐步加重。因此，地质环境因素是煤矿安全事故产生的重要因素之一。

随着开采深度的不断增加，矿井温度、湿度、空气质量等因素突出，严重影响作业人员的身体健康和操作效率。此外，随着大功率设备的大量使用，噪声污染也越来越严重。特别是井下设备具有声源多、连续噪声多、声级高的特点，加之井下工作面狭窄、反射面大，对作业人员危害更大。因此，作业环境也是煤矿安全事故产生的重要因素之一。因此，本章从地质环境和作业环境两方面分析煤矿安全事故的环境致因因素，具体环境因素见表 5-4。

**表5-4　煤矿安全事故的环境致因因素**

| 层次 | | 内容 | 表现形式 |
|---|---|---|---|
| 环境因素 | 地质环境 | 煤层稳定性差 | 煤层厚度变化的稳定程度较差 |
| | | 顶板结构 | 顶板凹凸不平、岩性松软破碎 |
| | | 地温、地压 | 地温高、构造应力作用下煤层易发生失稳冲击 |
| | | 自燃倾向 | 煤层容易发生自燃现象 |
| | | 瓦斯涌出 | 煤岩与瓦斯（二氧化碳）突出 |
| | | 水文条件 | 开采煤层处于侵蚀基准面以下、含水层对采煤工作面具有较高的水头压力 |
| | 作业环境 | 矿井温度 | 矿井温度过高 |
| | | 矿井空气质量 | 空气受污染程度较高 |
| | | 矿井噪声 | 机器设备噪声过大 |
| | | 矿井湿度 | 相对湿度过高 |
| | | 能见度 | 粉尘、照明和水汽引起的空气能见度较低 |

### 5.1.4　煤矿安全事故的综合致因模型

基于"弓弦箭"模型，结合前面的分析，设计煤矿安全事故的致因模型，如图 5-1 所示。其中，"弓弦"为煤矿安全事故的致因因素，包含煤矿安全事故产生的设备因素、人因因素和环境因素；"箭"为煤矿安全事故的后果，包括事故发生起数、人员伤亡数和经济损失数。利用该模型可以综合描述煤矿安全事故产生的原因以及事故的后果。

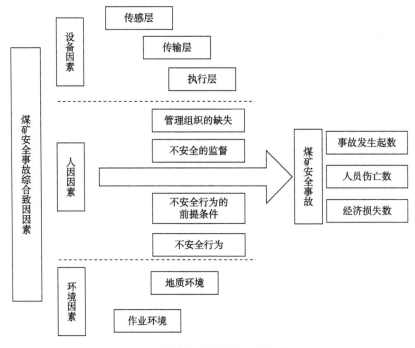

图 5-1  煤矿安全事故综合致因模型

# 5.2  煤矿安全事故综合致因模型的应用

根据上述构建的煤矿安全事故综合致因模型，本章从国家煤矿安全监察局事故调查司网站上获取的 100 起煤矿安全事故调查报告（如巨底冲煤矿"7·9"瓦斯窒息事故调查报告、冷水江市富旺煤矿"5·18"煤与瓦斯突出事故调查报告等）为样本，利用构建的煤矿安全事故致因模型对其进行分析，若事故发生原因与某项人因因素相关则标注 1，否则标注 0。

对 100 起煤矿安全事故致因因素进行频数统计，统计结果见表 5-5。

表5-5  100起煤矿安全事故致因的频数统计

| 层次分析 | | 内容 | 频数 | 层次分析 | | 内容 | 频数 |
|---|---|---|---|---|---|---|---|
| 设备因素 | 传感层 | 传感器失灵 | 2 | 人因因素 | 环境 | 矿井湿度 | 0 |
| | | 传感器缺失 | 5 | | | 能见度 | 1 |
| | | 传感精度差 | 2 | | 管理组织的缺失 | 管理过程漏洞 | 72 |
| | | 传感器误报 | 5 | | | 管理文化缺失 | 23 |

续表

| 层次分析 | | 内容 | 频数 | 层次分析 | | 内容 | 频数 |
|---|---|---|---|---|---|---|---|
| 设备因素 | 传输层 | 线路干扰 | 0 | 管理组织的缺失 | | 资源管理不到位 | 53 |
| | | 线路中断 | 2 | 人因因素 | 不安全的监督 | 监督不充分 | 70 |
| | | 交换设备故障 | 0 | | | 运行计划不恰当 | 29 |
| | 执行层 | 设备功能缺陷 | 17 | | | 没有及时发现并纠正问题 | 49 |
| | | 设备可靠性差 | 25 | | | 违规监督 | 53 |
| | | 设备缺乏 | 19 | | 不安全行为的前提条件 | 人员资源管理 | 40 |
| | | 偶发型设备故障 | 15 | | | 个人的准备状态 | 21 |
| 环境因素 | 地质环境 | 煤层稳定性差 | 20 | | | 精神状态差 | 63 |
| | | 顶板结构 | 16 | | | 生理状态差 | 3 |
| | | 地温、地压 | 6 | | | 身体/智力局限 | 3 |
| | | 自燃倾向 | 1 | | | 技术环境 | 54 |
| | | 瓦斯涌出 | 22 | | 不安全行为 | 技能差错 | 24 |
| | | 水文条件 | 0 | | | 决策差错 | 26 |
| | 作业 | 矿井温度 | 1 | | | 知觉差错 | 6 |
| | | 矿井空气质量 | 0 | | | 违规 | 55 |
| | | 矿井噪声 | 0 | | | | |

根据表 5-5 可以得出如下结论。

（1）上述 100 起煤矿安全事故全部与人因相关，因此人因因素是煤矿安全事故产生中最常见的致因因素。进一步，在煤矿安全事故的人因因素中，不安全的监督是我国煤矿安全事故中最常出现的，然后是不安全行为的前提条件。这主要是由于我国煤矿安全事故的调查以责任认定为主，因此事故原因的分析主要集中在事故发生的前提条件和领导责任方面，在事故报告中常常出现安全培训不到位、隐患排查不到位、精力不集中、安全意识不强等，因此煤矿安全事故的四个层次的人因因素呈现出两端弱，中间强的现象。

（2）执行层是煤矿安全事故中最常见的设备致因因素，主要表现为通风系统的稳定性差、安全防护设备缺乏，如高压电缆出现短路故障是 1990 年 4 月 15 日七台河矿务局桃山煤矿瓦斯爆炸的直接原因；通风系统稳定性差是 2000 年 9 月 27 日贵州省水城矿务局木冲沟煤矿瓦斯煤尘爆炸事故发生的直接原因；通风系统混乱并且可靠性差是 2006 年 4 月 29 日陕西延安子长县瓦窑堡镇煤矿瓦斯爆炸事故发生的重要原因；没有安装压风自救系统是 2007 年 5 月 18 日冷水江市富旺煤矿煤与瓦斯突出事故的主要原因；副局扇故障是 2010 年 10 月 2 日山西汾西矿务局中兴煤矿瓦斯超限事故的直接原因。

（3）地质条件是煤矿安全事故中最常见的环境因素，主要以煤层稳定性差、顶板结构复杂、瓦斯涌出量大为主。这主要因为我国煤矿开采的突出煤层约95.4%位于石炭二叠系海陆交互相沉积地层，这类煤层地质年代久远，封闭性好，瓦斯含量大、压力高，尤其经历过多期次构造运动，使煤层受到严重的挤压搓揉破坏，煤层赋存不稳定、结构松软破碎、地质构造复杂。此外，我国煤炭产量的90%依靠井工开采，目前大中型煤矿的平均开采深度超过600米。随着开采强度不断加大、延伸速度的加快，开采深度越来越大，使开采煤层承受的地应力增大、煤层内瓦斯压力和瓦斯涌出量不断增大，瓦斯灾害的复杂性和危险性显著增加，低瓦斯矿井转变为高瓦斯矿井，高瓦斯矿井转变为突出矿井。

（4）现有的煤矿安全事故调查报告对事故的某些致因因素不能全面地进行分析，如对操作人员的作业环境（包括矿井的温度、空气质量、噪声、能见度、湿度等）、操作者生理状态（如生病、服用药物、身体疲劳）、操作者的身体/智力局限（如视觉局限、智力局限）等描述不全面。因此，有必要在煤矿安全事故全面的致因模型基础上完善煤矿安全事故的调查标准。

（5）煤矿安全事故调查报告是进行煤矿安全事故人因分析的主要依据，但现有的煤矿事故调查报告主要以文本形式存在。虽然，相关部门利用案例汇编的形式对煤矿安全事故调查报告进行了归类、整理，但总体来讲，煤矿安全事故原因的查询和分析依然非常不便。因此，有必要将煤矿安全事故调查报告的纯文本数据转化为关系型数据，从而建立煤矿安全事故数据库，以便有效地利用煤矿安全事故"大数据"进行人因分析，挖掘煤矿事故发生的内在规律性和潜在因素。

# 5.3　煤矿安全事故致因的数据模型

为了将煤矿安全事故致因模型中各级致因因素间的层次关系以及致因因素和表现形式间的对应关系正确地转换成关系数据模式，本节将针对煤矿安全事故致因模型设计煤矿安全事故数据库的数据模型，将煤矿安全事故致因模型转化成对应的数据模型，把现实世界中与煤矿安全事故有关的基本信息和致因信息用合理的数据模型进行抽象表示和处理，将需处理的与煤矿安全事故有关的所有信息转化为计算机能够处理的数据，即将信息数字化。

（1）煤矿安全事故致因的概念模型。

根据前文，本节提出的煤矿安全事故致因模型主要包含煤矿安全事故致因因素和煤矿安全事故致因因素的表现形式两个实体。为了方便、有效地存储和处理致因模型中每个致因因素和表现形式的内容及它们之间的层次关系，以及便于实现根据煤矿安全事故致因模型对煤矿安全事故进行查询、统计和分析的功能，本节为致因模型中的致因因素和表现形式编码，使每个致因因素和表现形式都有唯一的代码，将该代码作为实体的属性，分析实体间的联系，用 E-R 图表示煤矿安全事故致因的概念模型，如图 5-2 所示。

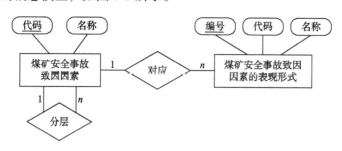

图 5-2　致因模型 E-R 图

在图 5-2 中，煤矿安全事故致因因素与本身一对多的递归关系表示了致因模型中每级致因因素间的层次关系；致因因素与表现形式一对多的联系表示一个致因因素对应多个不同的表现形式。

（2）煤矿安全事故致因的逻辑模型。

逻辑模型是按计算机系统的观点对数据建模，目前应用最多、也最为重要的一种逻辑模型是关系模型。

将煤矿安全事故致因模型的 E-R 图转换为一组对应的关系模式：①煤矿安全事故致因因素（致因因素代码、上级致因因素代码、致因因素名称）；②煤矿安全事故致因因素的表现形式（编号、表现形式代码、表现形式名称、致因因素代码……）。

（3）煤矿安全事故致因模型的数据库表结构。

煤矿安全事故致因框架结构信息表用于记录煤矿安全事故致因模型的框架结构信息，通过该表可将致因模型中事故致因因素的层次关系存储在计算机中，包括事故致因因素代码、上级致因因素代码、事故致因因素名称等字段，结构如表 5-6 所示。

表5-6　煤矿安全事故致因框架结构信息表结构

| 字段名称 | 中文含义 | 类型 | 长度 | 备注 |
| --- | --- | --- | --- | --- |
| AccCauseCode | 事故致因因素代码 | varchar | 10 | 主键，非空 |
| SuperCauseCode | 上级致因因素代码 | varchar | 10 | 外键 |
| AccCauseName | 事故致因因素名称 | varchar | 100 | |

　　事故致因因素代码的编码规则为：①一级致因因素编号长 2 个字节，代码总长 2 个字节；②除一级致因因素外，其他层次上的致因因素按照事故致因模型的层次结构进行编码，由其上级致因因素代码和该致因因素的编号组成；③二级致因因素编号长 2 个字节，代码总长 4 个字节；④三级致因因素编号长 2 个字节，代码总长 6 个字节；⑤四级致因因素编号长 2 个字节，代码总长 8 个字节。

　　举例如下：①一级致因因素，"人因因素"的代码为 13；②二级致因因素，"不安全行为的前提条件"的编号为 03，其上级致因因素"人因因素"的代码为 13，则其代码即为 1303；③三级致因因素，"人员因素"的编号为 01，其上级致因因素"不安全行为的前提条件"的代码为 1303，则其代码即为 130301；④四级致因因素，"个人的准备状态"编号为 02，其上级致因因素"人员因素"的代码为 130301，则其代码即为 13030102。

　　煤矿安全事故致因因素表现形式信息表用于存储每个致因因素对应的表现形式的具体内容，包括编号、致因因素代码、表现形式代码、表现形式名称、具体描述等字段，结构如表 5-7 所示。其中，表现形式代码=致因因素代码+表现形式编号。例如，人因因素中的第四级因素"个人的准备状态"有一个"缺乏安全自我保护能力"的表现形式，令缺乏安全自我保护能力的编号为 01，而它的上一级致因因素个人的准备状态的代码为 13030102，所以缺乏安全自我保护能力的代码为 1303010201。

**表5-7　事故致因因素表现形式信息表**

| 字段名称 | 中文含义 | 类型 | 长度 | 备注 |
|---|---|---|---|---|
| DisplayNo | 编号 | int | | 主键，非空，自增 |
| AccCauseCode | 致因因素代码 | varchar | 10 | 外键，非空 |
| CauseDisplayCode | 表现形式代码 | varchar | 100 | |
| CauseDisplayName | 表现形式名称 | varchar | 10 | 非空 |
| DisplayDescription | 具体描述 | varchar | 100 | |

　　根据以上的编码规则，煤矿安全事故致因模型中的每个致因因素和表现形式都对应一个唯一的代码，将致因因素和表现形式的名称和代码存储在数据库表中，充当了字典的功能，据此便于对煤矿安全事故发生的原因进行分层次归纳总结和统计，且有利于计算机方便高效地存储和处理数据。根据煤矿安全事故致因模型，对每个致因因素和致因因素对应的表现形式进行编码，如表 5-8 和表 5-9 所示。

**表5-8　事故致因因素的代码**

| 致因因素代码 | 上级致因因素代码 | 致因因素名称 | 致因因素代码 | 上级致因因素代码 | 致因因素名称 |
|---|---|---|---|---|---|
| 11 | | 设备因素 | 120205 | 1202 | 能见度 |
| 1101 | 11 | 传感层 | 13 | | 人因因素 |
| 1102 | 11 | 传输层 | 1301 | 13 | 管理组织的缺失 |
| 1103 | 11 | 执行层 | 1302 | 13 | 不安全的监督 |
| 110101 | 1101 | 传感器失灵 | 1303 | 13 | 不安全行为的前提条件 |
| 110102 | 1101 | 传感器缺失 | 1304 | 13 | 不安全行为 |
| 110103 | 1101 | 传感精度差 | 130101 | 1301 | 管理过程漏洞 |
| 110104 | 1101 | 传感器误报 | 130102 | 1301 | 管理文化缺失 |
| 110201 | 1102 | 线路干扰 | 130103 | 1301 | 资源管理不到位 |
| 110202 | 1102 | 线路中断 | 130201 | 1302 | 监督不充分 |
| 110203 | 1102 | 交换设备故障 | 130202 | 1302 | 运行计划不恰当 |
| 110301 | 1103 | 设备功能缺陷 | 130203 | 1302 | 没有及时发现并纠正问题 |
| 110302 | 1103 | 设备可靠性差 | 130204 | 1302 | 违规监督 |
| 110303 | 1103 | 设备缺乏 | 130301 | 1303 | 人员因素 |
| 110304 | 1103 | 偶发型设备故障 | 130302 | 1303 | 操作者状态 |
| 12 | | 环境因素 | 13030101 | 130301 | 人员资源管理 |
| 1201 | 12 | 地质环境 | 13030102 | 130301 | 个人的准备状态 |
| 1202 | 12 | 作业环境 | 13030201 | 130302 | 精神状态差 |
| 120101 | 1201 | 煤层稳定性差 | 13030202 | 130302 | 生理状态差 |
| 120102 | 1201 | 顶板结构 | 13030203 | 130302 | 身体/智力局限 |
| 120103 | 1201 | 地温、地压 | 130401 | 1304 | 差错 |
| 120104 | 1201 | 自燃倾向 | 130402 | 1304 | 违规 |
| 120105 | 1201 | 瓦斯涌出 | 13040101 | 130401 | 技能差错 |
| 120106 | 1201 | 水文条件 | 13040102 | 130401 | 决策差错 |
| 120201 | 1202 | 矿井温度 | 13040103 | 130401 | 知觉差错 |
| 120202 | 1202 | 矿井空气质量 | 13040201 | 130402 | 习惯性违规 |
| 120203 | 1202 | 矿井噪声 | 13040202 | 130402 | 偶然性违规 |
| 120204 | 1202 | 矿井湿度 | | | |

**表5-9　致因因素对应的表现形式代码**

| 表现形式代码 | 致因因素代码 | 表现形式名称 |
|---|---|---|
| 1101010100 | 110101 | 传感器工作过程中偏离正常工作状态的现象 |
| 1101020100 | 110102 | 缺乏相关的传感器设备和视频设备 |
| 1101030100 | 110103 | 传感设备测量结果的准确程度差 |
| 1101040100 | 110104 | 传感器对环境的错误判断造成的报警 |
| 1102010100 | 110201 | 环境、电子设备干扰传输信号接收 |
| 1102020100 | 110202 | 通信线路中断 |
| 1102030100 | 110203 | 井下交换机、交换分站设备故障 |
| 1103010100 | 110301 | 设备功能在设计时没有考虑到安全隐患 |
| 1103020100 | 110302 | 设备的可靠性差而造成的工作失误 |
| 1103030100 | 110303 | 相关设备不足 |
| 1103040100 | 110304 | 不可预见的设备故障 |
| 1201010100 | 120101 | 煤层厚度变化的稳定程度较差 |
| 1201020100 | 120102 | 顶板凹凸不平 |
| 1201020200 | 120102 | 岩性松软破碎 |
| 1201030100 | 120103 | 地温高，构造应力作用下，煤层易发生失稳冲击 |
| 1201040100 | 120104 | 煤层容易发生自燃现象 |
| 1201050100 | 120105 | 煤岩与瓦斯（二氧化碳）突出 |
| 1201060100 | 120106 | 开采煤层处于侵蚀基准面以下，含水层中的水对开采煤工作面具有较高的水头压力 |
| 1202010100 | 120201 | 矿井温度过高 |
| 1202020100 | 120202 | 空气受污染程度较高 |
| 1202030100 | 120203 | 机器设备噪声过大 |
| 1202040100 | 120204 | 相对湿度过高 |
| 1202050100 | 120205 | 粉尘、照明和水汽引起的空气能见度较低 |
| 1301010100 | 130101 | 安全计划管理漏洞 |
| 1301010200 | 130101 | 行政决定不合理 |
| 1301010300 | 130101 | 安全监视不到位 |
| 1301010400 | 130101 | 应急预案不完善 |
| 1301020100 | 130102 | 不良组织习惯 |
| 1301020200 | 130102 | 操作标准和规章制度 |
| 1301020300 | 130102 | 过度强调生产 |
| 1301020400 | 130102 | 企业的价值观 |
| 1301030100 | 130103 | 人力资源管理不到位 |
| 1301030200 | 130103 | 设备资源管理不到位 |
| 1301030300 | 130103 | 过度削减成本 |
| 1302010100 | 130201 | 没有提供适当的培训 |
| 1302010200 | 130201 | 未提供专业指导监督 |

续表

| 表现形式代码 | 致因因素代码 | 表现形式名称 |
| --- | --- | --- |
| 1302010300 | 130201 | 未提供专业的操作规程 |
| 1302020100 | 130202 | 未提供足够的休息时间 |
| 1302020200 | 130202 | 工作量大 |
| 1302020300 | 130202 | 排班制度不恰当 |
| 1302030100 | 130203 | 没有纠正不恰当行为 |
| 1302030200 | 130203 | 没有发现危险行为 |
| 1302030300 | 130203 | 设备安全问题未得到排查 |
| 1302030400 | 130203 | 没有汇报不安全趋势 |
| 1302040100 | 130204 | 未执行现有的规章制度 |
| 1302040200 | 130204 | 违规的程序 |
| 1302040300 | 130204 | 授权不必要的冒险 |
| 1303010101 | 13030101 | 缺少团队合作 |
| 1303010102 | 13030101 | 部门间沟通不流畅 |
| 1303010201 | 13030102 | 缺乏安全自我保护能力 |
| 1303010202 | 13030102 | 接受安全培训不到位 |
| 1303010203 | 13030102 | 饮食不好 |
| 1303020101 | 13030201 | 安全意识不强 |
| 1303020102 | 13030201 | 精神疲劳 |
| 1303020103 | 13030201 | 缺失警觉意识 |
| 1303020104 | 13030201 | 注意力不集中 |
| 1303020201 | 13030202 | 生病 |
| 1303020202 | 13030202 | 服用药物 |
| 1303020203 | 13030202 | 身体疲劳 |
| 1303020301 | 13030203 | 处理应急问题经验不足 |
| 1303020302 | 13030203 | 视觉局限 |
| 1304010101 | 13040101 | 漏掉程序步骤 |
| 1304010102 | 13040101 | 遗漏检查单项目 |
| 1304010103 | 13040101 | 技能技术不高 |
| 1304010201 | 13040102 | 紧急情况处理不当 |
| 1304010202 | 13040102 | 环境危害辨别不到位 |
| 1304010203 | 13040102 | 经验不足 |
| 1304010301 | 13040103 | 视觉错误导致错误判断周围环境 |
| 1304020101 | 13040201 | 习惯性违反规章制度、操作程序 |
| 1304020102 | 13040201 | 习惯性没有获得正确的指令 |
| 1304020103 | 13040201 | 习惯性执行没有指令的操作 |
| 1304020201 | 13040202 | 偶然性违反规章制度、操作程序 |

续表

| 表现形式代码 | 致因因素代码 | 表现形式名称 |
|---|---|---|
| 1304020202 | 13040202 | 偶然性没有获得正确的指令 |
| 1304020203 | 13040202 | 偶然性执行没有指令的操作 |

由煤矿安全事故致因模型可知，有些致因因素往下共细分了四层，如"人因因素"为一级致因因素，其下的"不安全行为的前提条件"为二级致因因素，"人员因素"为三级致因因素，"个人的准备状态"为四级致因因素。而有些致因因素细分了三层，如"设备因素"为一级致因因素，其下的"传感层"为二级致因因素，"传感器失灵"为三级致因因素。因此，对于四级致因因素，其表现形式可视为第五层，而对于三级致因因素，其表现形式可视为第四层。为了编码的统一与整齐，表 5-9 中对表现形式的编码一律采用十位，对于第四层的表现形式末两位以"0"补齐。

# 5.4　本 章 小 结

本章将煤矿安全事故的设备、环境致因因素与 HFACS 模型相结合，构建出了煤矿安全事故的综合致因模型，并应用该模型对煤矿安全事故报告进行分析，提出了对煤矿事故进行编码的方法。上述数据模型可作为基础，可构建煤矿安全事故的数据库系统，从而达到对煤矿安全事故报告有效利用的目的。

# 第6章 煤矿安全事故数据库系统设计

煤矿安全事故案例是一种宝贵的资源，蕴含许多有价值的信息。建立煤矿安全事故数据库，将煤矿安全事故的相关信息数据化，科学高效地存储、管理、统计和分析煤矿安全事故数据，不仅可以克服传统文本型事故报告方式管理不便的缺点，而且有利于统计和分析大量的煤矿安全事故数据，总结煤矿事故发生的规律，对预防事故的发生具有重要的意义。

目前虽有部分煤矿事故数据库系统实现了对煤矿事故文本报告的数据化，但其仅以文档的形式记录事故报告中所描述的表层原因，缺乏对煤矿事故深层次致因的统计与分析。煤矿安全事故的发生是多种相关联因素综合作用的结果，结合科学的致因理论对事故的致因进行深入分析和挖掘，有利于找出事故发生的根本原因和共性原因。

本章将在构建的煤矿安全事故致因模型和数据模型基础上，并结合需求分析，确定煤矿安全事故数据库系统的功能结构和模块功能。为了便于对事故进行更全面的分析，本章还依据煤矿监测系统的数据标准设计了接口数据，可将煤矿事故发生前相关的环境和设备等参数数据导入煤矿安全事故数据库。最后，使用ASP.NET和SQL Server开发了煤矿安全事故数据库系统，实现了系统功能。该系统有利于分层统计和深入分析事故发生的原因，能够为煤矿安全预警、煤矿灾害安全评价和决策支持等提供基础数据，从而便于煤炭企业有针对性和侧重点地采取有效的措施预防煤矿事故的发生。

## 6.1 煤矿安全事故数据库系统的需求分析

需求分析是开发系统过程中非常重要的一个环节。本节将从系统的用户、数据需求、功能需求和性能需求等方面对煤矿安全事故数据库系统的需求进行分析。

### 6.1.1　系统的用户分析

本系统的用户是煤炭企业工作人员、煤矿安全监察单位的工作人员、事故调查人员及相关领域的专业人员等。这些人员是预防和控制煤矿安全事故、提高煤矿安全生产水平的主体，希望通过应用此煤矿安全事故数据库系统可以实现煤矿安全事故资源的充分利用和高效管理；实现对煤矿安全事故的检索和统计及对导致煤矿安全事故的原因的统计和分析；从数据库系统获取基础数据，总结事故发生的规律，进行煤矿安全灾害评价和煤矿预警分析等，从而制定有效的安全政策和安全标准，实施有针对性的方法和措施有效地预防煤矿安全事故的发生。

### 6.1.2　数据需求分析

对于煤矿安全事故，在事故的调查报告中包括了描述、记录和分析一起煤矿事故所需的信息。通过阅读和分析已有的煤矿安全事故调查报告，总结出描述和记录一起煤矿安全事故的要素，主要包括以下内容[86]。

（1）煤矿安全事故的基本信息，包括事故单位、事故发生时间、事故发生地点、事故类别、事故伤亡情况、直接经济损失、事故发生与抢救过程、事故处理结果等信息。

（2）矿井概况，包括矿井名称、矿井所在地区、矿井类型、矿井所持证件、矿井的瓦斯等级等信息。

（3）事故区域的自然状况，包括煤层赋存状况、瓦斯涌出量等信息。

（4）事故发生前的环境参数，包括事故发生前的瓦斯浓度、瓦斯涌出方式、通风参数、供电情况等信息。

（5）事故发生的原因，包括直接原因和间接原因等。

将以上 5 类信息确定为用户需要从数据库中获得的信息，将这些信息数据化，即为存储到数据库中的数据。

### 6.1.3　功能需求分析

通过分析煤矿安全事故数据系统的功能需求，将其分为以下几类。

（1）煤矿安全事故信息的管理。

系统应能满足用户对煤矿安全事故有关信息的管理要求。用户需要对历年的煤矿安全事故资料进行保存和管理，根据需求对煤矿安全事故信息进行查询和汇总，系统可以按照用户的需要输出煤矿安全事故信息等。因此，系统要提供操作方便、友好的界面，供用户录入煤矿安全事故的要素，验证录入数据的合法性，提示用户采用正确合法的数据格式，并将合法的数据保存到煤矿安全事故数据库中。具有更高权限的用户（如管理员），还可以对存储在数据库中的事故信息按照需求进行修改、删除等。系统还要提供多个检索条件，使用户能够按照自己的需求检索事故，查看相关事故的信息等。

（2）煤矿安全事故致因模型的维护。

为了系统地分析煤矿安全事故及其致因，本书引入了煤矿安全事故致因模型，详见第 5 章。系统应能有效合理地存储煤矿安全事故致因模型的层次结构和内容，并能以直观的形式输出，呈现给用户。除此之外，考虑到该致因模型并不是一成不变的，随着相关研究工作的深入未来还有可能会有所扩充或修改，因此系统还应提供致因模型的修改功能，具体地说，就是根据模型的变动可以在任意层次添加新的致因因素，删除无效的致因因素，修改某项致因因素的内容以及为某个致因因素添加新的表现形式等。

（3）煤矿安全事故致因信息的管理和统计。

根据煤矿安全事故致因模型对煤矿安全事故的致因进行分析是系统的重点。煤矿安全事故报告中对煤矿事故发生原因的描述实际上对应的是煤矿安全事故致因模型最底层各致因因素的表现形式，系统应提供直观化、可视化的界面，将致因模型中的表现形式呈现给用户供用户选择，从而将导致煤矿事故发生的原因录入数据库并保存。系统不仅要存储事故原因的表现形式，还需将这些表现形式和致因因素的对应关系存储在数据库中，便于用户根据煤矿安全事故致因模型中致因因素的层次关系和数据库中存储的致因信息对事故的致因进行深层分析，找出事故发生的根本原因和共性原因等。

除了对事故致因信息的管理功能，系统还应提供按照致因模型中致因因素对事故进行分类统计和汇总的功能。由本书建立的煤矿安全事故致因模型可知，在设备因素、人因因素和环境因素这三大因素下，包含多个层次的致因因素，最底层的致因因素还会有多个表现形式，系统不仅要能按照最顶层的三大因素统计煤矿安全事故，还必须能按照任意一层的致因因素和最底层致因因素的表现形式统计煤矿安全事故。例如，设备因素下的致因因素有"传感层"、"传输层"和"执行层"，系统可以统计不同年份分别由传感层、传输层和执行层方面的原因导致的煤矿安全事故的次数和所占比例，并以表格或统计图形式表示出来，便于用户根据统计结果对事故进行分析，从中发现潜在的问题和规律等。

（4）煤矿安全事故数据的统计。

对于存储在数据库中的一件件独立的煤矿事故，并无规律可言，只有通过对大量的事故进行综合统计和分析，才能从中找出必然的规律和总的趋势，达到对事故进行预测和预防的目的。因此系统要能实现对存储在数据库中大量的煤矿安全事故数据按照指定条件进行统计的功能。

（5）数据导入。

由于煤矿安全事故数据库要为数据挖掘等方法，以及煤矿安全预警、煤矿灾害安全评价和决策支持等提供基础数据。在煤矿事故发生前，煤矿监测监控系统监测到的各种参数和数据对事故的分析和研究有着十分重要的作用，因此，煤矿安全事故数据库系统应考虑如何实现与煤矿监测监控等系统的搭接，并将监控系统的数据导入数据库中并以适当合理的结构存储的功能，从而可以根据用户的需求提供更多的数据和资源。由于存储在煤矿监测监控系统中的监测数据的存储结构与数据类型各有不同，因此设计合适的接口，将监控系统中的各类数据按照统一合理的数据标准和结构传输并存储在煤矿安全事故数据库中，是实现数据导入功能的关键。

实现以上各功能的基础工作是煤矿安全事故数据库的设计与建立，具体包括煤矿安全事故相关信息的数据模型的设计与建立，煤矿安全事故致因的数据模型的设计与建立等。数据模型是数据库系统的核心和基础，良好、合理的数据模型是建立数据库和数据库系统功能的开发的基础，且有助于提高数据库系统的开发效率和系统的优化。因此，将煤矿安全事故的相关信息以及煤矿安全事故致因模型进行抽象，设计为相应的、合理的数据模型，是实现煤矿安全事故数据库系统各种功能以及满足系统性能需求的基础和关键。

### 6.1.4　性能需求分析

结合系统的功能需求，对煤矿安全事故数据库系统进行性能需求分析，将系统的性能需求归纳为以下几个方面。

（1）真实性。

煤矿安全事故数据库存储的是大量的煤矿安全事故资料，要求系统必须保证检索、计算、统计等结果的真实性和可靠性，能反映煤矿生产的真实情况。

（2）安全性。

由于系统涉及煤炭行业大量的事故数据资料，这些资料对分析煤矿事故，预防事故发生和提高煤炭企业的安全生产水平等十分重要，因此系统必须保证所存储的数据资料的安全性。系统应具备数据保护和数据备份机制。对于不同的用户，应设置不同的权限，对于不同权限的用户进行相应的访问限制。例如，对于普通用户，只对其开放基本的浏览、查看事故信息的功能；对于高级用户，除了有普通用户的权限外，还具有统计和分析事故资料的权限；而管理员则具有上传事故案例，更改和删除数据库中数据的权限。

（3）易用性。

由于使用该系统的用户并非计算机专业人员，因此系统应具有易用性，如具有良好的交互界面，具有容易理解的导航信息，且操作方便，使用户可以在短时间内熟悉操作流程，能够熟练运用系统获取想要的信息，实现需要的功能。

（4）良好的物理性能。

物理性能是指系统的存储容量、访问速度、响应时间等，它们都是评价数据库系统性能好坏的常用指标，而煤矿安全事故数据繁多、访问量大，因此，煤矿安全事故数据库系统应提供充足的存储容量和稳定高效的数据访问服务，保证良好的数据访问速度和操作响应时间，使系统具有较优的物理性能。

（5）兼容性和可扩展性。

为了整合更多的煤矿安全事故资源和相关数据，系统应设计友好的接口，便于和其他相关系统搭接，如煤矿监测监控系统、煤矿管理部门的管理系统等。除此之外，结合数据导入功能的需求，应考虑到系统需对接收的数据具有良好的兼容性，导入的数据具有良好的适应性和可利用性。

# 6.2 煤矿安全事故数据库系统的设计

煤矿安全事故数据库系统的设计主要包括系统功能模块的设计、煤矿安全事故数据库的设计，以及煤矿安全事故数据导入接口的设计。

## 6.2.1 系统功能模块的设计

本节结合之前对煤矿安全事故数据库系统的需求分析，划分并设计了系统的功能模块。系统主要包括用户管理、煤矿安全事故致因模型维护、煤矿安全事故信息维护、煤矿安全事故数据统计、数据导入等功能模块。系统模块划分如图 6-1 所示。

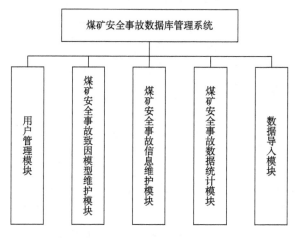

图 6-1　系统功能模块图

## 1. 用户管理模块

用户管理模块用于管理用户的信息，功能划分如图 6-2 所示。

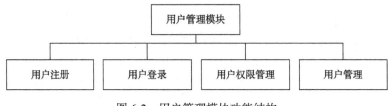

图 6-2　用户管理模块功能结构

（1）用户注册。新的用户须填写基本信息，注册获得登录系统所需的用户名和密码。

（2）用户登录。用户通过验证用户名和密码登录系统，登录成功后，用户可以查看个人的详细信息，修改密码和修改个人资料等。

（3）用户权限管理。为了保证系统的安全性，不同的用户具有不同的权限，用户分为以下几种：①普通用户，普通用户只具有基本的浏览、查看事故信息的权限；②高级用户，高级用户不仅具有普通用户的权限，还具有在系统的提示下，按照需求对煤矿事故进行检索、统计和分析等权限；③系统管理员，系统管理员具有最高权限，包括管理用户资料，录入、管理和维护煤矿安全事故资料信息等；用户角色的分配具体根据用户的身份，用户所在的单位和部门以及用户的职能进行。

（4）用户管理。用户管理包括添加新用户、删除用户，以及修改用户的权限等。只有管理员才具有实现此功能的权限。

## 2. 煤矿安全事故致因模型维护模块

煤矿安全事故致因模型维护模块用于管理和维护煤矿安全事故致因模型，包括存储和输出致因模型的内容和层次关系，为致因模型的任意一层添加新的致因因素，为任意一个致因因素添加新的表现形式，修改或删除致因模型的某些项等功能。模块的功能划分如图 6-3 所示。

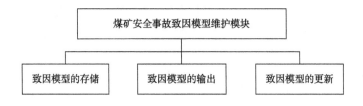

图 6-3　煤矿安全事故致因模型维护模块功能结构

（1）致因模型的存储。煤矿安全事故致因模型整体是一个多层次结构，致因模型的存储功能就是将致因模型的层次结构，致因因素之间的具体层次关系和具体内容存储到数据库中，存储模式和存储结构便于系统对其进行维护和处理相关的操作。例如，用户依据致因模型保存煤矿安全事故的致因信息，对煤矿安全事故的致因信息进行统计等。

（2）致因模型的输出。将整个煤矿安全事故致因模型的内容和层次结构输出，直观地呈现给用户，便于用户据此对事故致因因素进行分析。

（3）致因模型的更新。为了适应煤矿安全事故致因模型的扩展和更改，系统可以根据需求更新致因模型，包括在致因模型层次结构中的任意一层添加新的致因因素，为任意一项致因因素添加新的表现形式，删除无效的致因因素或表现形式，修改某项致因因素或表现形式的内容和层次关系等。

煤矿安全事故致因模型维护模块的工作流程图如图 6-4~图 6-7 所示。

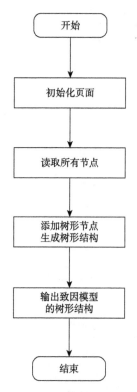

图 6-4　致因模型输出流程图

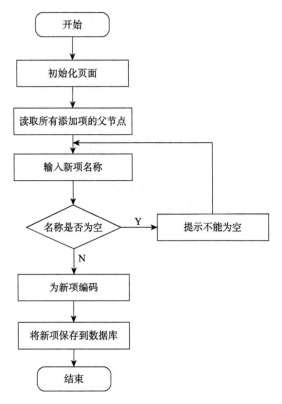

图 6-5　致因模型添加新项流程图

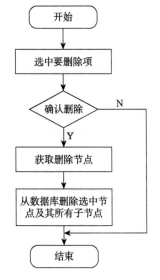

图 6-6　致因模型删除项流程图

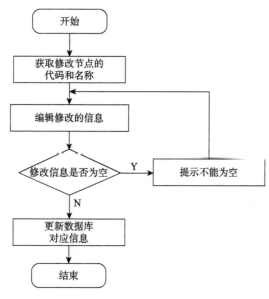

图 6-7　致因模型修改项流程图

### 3. 煤矿安全事故信息维护模块

煤矿安全事故信息维护模块用于对煤矿安全事故的信息进行管理和维护，功能划分如图 6-8 所示。

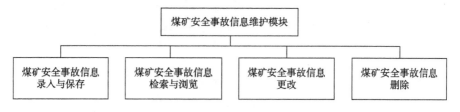

图 6-8　煤矿安全事故信息维护模块功能结构

（1）煤矿安全事故信息录入与保存。它包括煤矿安全事故基本信息和煤矿安全事故致因信息的录入与保存。

对于煤矿安全事故基本信息，需设计友好的人机界面，方便用户输入或选择煤矿安全事故发生的时间、地点、伤亡人数、事故类型、事故等级、经济损失等信息，以及事故矿井信息、事故区域的自然状况和环境参数信息等。系统会提示用户哪些信息为必填项以及输入正确的数据格式。用户录入完毕后，系统将用户输入或选择的信息存储到数据库中。

对于特定的某起煤矿安全事故的致因信息，用户须根据煤矿安全事故致因模型，将该起煤矿事故发生的具体原因与致因模型中的表现形式相对应。系统为用户显示该起事故的基本信息，以及煤矿安全事故致因模型中的表现形式供用户选择，系统将用户选中的表现形式作为事故原因存储到数据库中，同时存储表现形式所属的致因因素。

（2）煤矿安全事故信息检索与浏览。用户可以按照单一或组合的条件对数据库中存储的煤矿安全事故进行检索，对检索出来的事故，可以浏览事故的详细信息、矿井信息和致因信息等。检索条件有事故日期、年份、季度、月份、地区、矿井名称、事故等级、事故类型、死亡人数、事故原因等。条件"事故原因"的设置依据是煤矿安全事故致因模型的层次结构，一共分为5层，用户可按照任意一层的致因因素，也可按照最底层的表现形式检索、统计事故。

（3）煤矿安全事故信息更改。只有管理员具有更改数据库中煤矿安全事故信息的权限。系统提供友好的界面，管理员可以根据需求对事故的某些信息进行修改，系统自动修改数据库中对应的信息数据并重新保存。

（4）煤矿安全事故信息删除。只有管理员才能进行删除操作。系统提供友好的界面，管理员可以删除事故的部分或全部信息，系统自动删除数据库表中对应的信息数据，或者删除整条煤矿安全事故记录以及与之关联的矿井信息记录、自然状况和环境参数信息记录、致因信息记录等。

4. 煤矿安全事故数据统计模块

煤矿安全事故数据统计模块用于实现对存储在数据库中大量煤矿安全事故数据的统计功能，系统将统计结果以统计图或者表格的形式呈现给用户，便于用户直观有效地分析事故，得出结论。煤矿安全事故数据统计模块功能划分如图 6-9 所示。

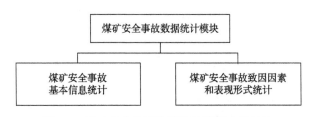

图 6-9　煤矿安全事故数据统计模块功能结构

（1）煤矿安全事故基本信息统计。按照煤矿安全事故的一些基本信息进行统计，如死亡人数、事故发生的时间、地区、事故类型等[87]，具体包括以下内容。①对事故次数与死亡人数等按年份进行统计，从而分析事故次数和死亡人数等重要信息的发展变化趋势。②按月份对事故进行统计，从而得出一年中事故的高发期；按时间点对事故进行统计，从而得出一天中事故的高发时间段。③对发生事故的地区分布情况进行统计，从而得出事故高发地区。④按年份统计煤矿安全事故的事故类型分布,从而得出较频发的事故类型,实施针对性的措施。⑤按年份统计煤矿安全事故的事故等级分布,从而得出发生次数较多的事故等级,有针对性地加强防范。

(2)煤矿安全事故致因因素和表现形式统计。基于煤矿安全事故致因模型,统计每个年份不同层次的致因因素和表现形式引起的煤矿安全事故次数和所占百分比,分析变化趋势,便于对层内因素、层间因素进行比较分析,找出致因因素的关联和规律以及事故发生的潜在原因和本质原因,从而有助于采取针对性的措施从根源上有效控制和预防事故的发生。

以上统计结果有助于进一步分析煤矿安全事故,得出有价值的规律,煤矿管理人员即可以据此对煤矿进行有针对性的管理和安全评价,针对煤矿安全事故做出具体的防范措施,从而达到预防煤矿安全事故的发生和保证煤矿生产安全进行的目的。

### 5. 数据导入模块

煤矿安全事故数据库系统的数据导入模块主要实现与煤矿监测监控系统的对接,将事故发生前一段时间(如 10 分钟)监测到的现场环境信息、机电设备信息等与事故相关的各类信息导入煤矿安全事故数据库并保存,且可以根据用户的需求显示这些数据,便于用户根据这些监测数据对煤矿安全事故进行更加全面的分析与研究。

根据煤矿监测系统监测信息的类型,将要导入的数据分为以下 4 个类型[88]。

(1)环境参数。环境参数包括煤矿监测系统可监测到的甲烷浓度、CO 浓度、风速、风压、温度、风尘浓度、烟雾等环境数据。

(2)机电设备状态参数。机电设备状态参数包括煤矿监测系统监测的馈电状态、风门状态、风筒状态、局部停风机开停、主通风机开停等的一些相关设备的状态。

(3)井下人员信息。井下人员信息包括煤矿井下作业人员管理系统所监测的与事故相关的井下作业人员的数量、位置等实时信息。

(4)顶板、矿压信息。顶板、矿压信息包括顶板动态监测系统和矿山压力监测系统监测到的顶板离层位移和速度、工作面支架的工作阻力、锚杆载荷应力、煤层内部应力等实时监测值。

## 6.2.2　煤矿安全事故数据库的设计

一起煤矿安全事故包含很多信息,根据数据需求分析可知,煤矿安全事故的信息主要包括煤矿安全事故的基本信息,如事故发生的时间、地点、伤亡人数、事故等级、事故类型、处理情况等,事故矿井的基本信息和事故区域的自然状况及环境信息等，除此之外还有导致该起煤矿安全事故的致因信息。

### 1. 煤矿安全事故数据库概念模型

通过对煤矿安全事故的分析，确定与之有关的实体（包括煤矿安全事故、矿井、环境、事故区域自然状况、煤矿安全事故致因等 5 个实体）以及实体之间的联系，得到如图 6-10 所示的 E-R 图。

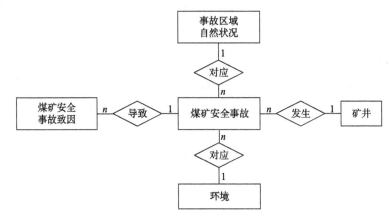

图 6-10　煤矿安全事故信息 E-R 图

### 2. 煤矿安全事故数据库逻辑模型

将图 6-10 所示的 E-R 图转换为一组关系模式：①煤矿安全事故（事故编号、矿井编号、环境编号、区域编号、事故日期、事故名称……）；②矿井（矿井编号、矿井名称、矿井所在地区……）；③环境（编号、事故发生前瓦斯浓度、通风参数……）；④事故区域自然状况（编号、瓦斯涌出量、煤层赋存情况……）；⑤煤矿安全事故致因（编号、事故编号、事故致因因素代码……）。

### 3. 煤矿安全事故基本信息的数据结构

根据关系模式，建立相应的数据库表。这些数据库表分为两大类，一类是存储煤矿安全事故基本信息的数据库表；另一类是存储煤矿安全事故致因信息的数据库表。将导致煤矿安全事故发生的直接原因和间接原因，即煤矿事故调查报告中所描述的表现形式，按照第 5 章提出的煤矿安全事故致因模型进行归纳、分类和编码，并将其单独存放在一个数据库表中。

煤矿安全事故的基本信息包括事故发生的时间、地点、伤亡人数、事故等级、事故类型等基本信息，发生事故的矿井的基本信息，矿井区域的自然状况以及环境参数信息等。结合相应的逻辑模型，建立煤矿安全事故信息表、矿井基本信息表、矿井事故区域自然状况信息表和矿井安全事故环境参数信息表，用来存储煤矿安全事故基本信息。

煤矿安全事故信息表用于记录与煤矿安全事故相关的详细信息，包括：事故编号、矿井编号、对应的环境参数表的编号、对应的区域自然状况表的编号、事故日期、事故名称、事故矿井名称、事故发生地点、事故发生场所、事故类型、直接经济损失、间接经济损失、死亡人数、重伤人数、轻伤人数、事故等级、起因物、事故经过、直接原因、间接原因、预防措施、不安全状态、不安全行为、直接责任者、间接责任者、事故处理、事故总结与教训、事故报告等字段，如表6-1所示。

**表6-1　煤矿安全事故信息表结构**

| 字段名 | 中文含义 | 字段类型 | 长度 | 备注 |
|---|---|---|---|---|
| AccNo | 事故编号 | varchar | 20 | 主键，非空 |
| MineNo | 矿井编号 | int | | 外键 |
| EnvironmentID | 对应的环境参数表的编号 | int | | 外键 |
| RegionID | 对应的区域自然状况表的编号 | int | | 外键 |
| AccDate | 事故日期 | datetime | | |
| AccName | 事故名称 | nvarchar | 200 | |
| AccMineName | 事故矿井名称 | nvarchar | 200 | |
| AccRegion | 事故发生地点 | nvarchar | 200 | |
| AccPlace | 事故发生场所 | nvarchar | 200 | |
| AccType | 事故类型 | int | | |
| AccDirectEcoLoss | 直接经济损失 | money | | |
| AccIndirectEcoLoss | 间接经济损失 | money | | |
| DeathToll | 死亡人数 | bigint | | |
| SevInjuryNum | 重伤人数 | bigint | | |
| SliInjuryNum | 轻伤人数 | bigint | | |
| AccLevel | 事故等级 | int | | |
| CauseThing | 起因物 | nvarchar | 300 | |
| AccProcess | 事故经过 | ntext | | |
| DirectReason | 直接原因 | ntext | | |
| IndirectReason | 间接原因 | ntext | | |
| PreMeasure | 预防措施 | ntext | | |
| UnsafeState | 不安全状态 | ntext | | |
| UnsafeBehavior | 不安全行为 | ntext | | |
| DirectOfficer | 直接责任者 | nvarchar | 300 | |
| IndirectOfficer | 间接责任者 | nvarchar | 300 | |
| AccDeal | 事故处理 | ntext | | |
| AccSummary | 事故总结与教训 | ntext | | |
| AccReport | 事故报告 | ntext | | |

煤矿安全事故信息表中，事故编号为主键，具有唯一性，即每个煤矿安全事故都有一个唯一的编号，数据类型采用可变长度的字符型（最大长度为 20 个字节），可将事故发生的具体时间表示为连续的字符，作为事故编号。表中的数据类型 datetime 用来存储时间类型的数据，格式是 "YYYY-MM-DD HH：MM：SS"；数据类型 money 为货币数据类型，表中的字段 "直接经济损失" 和 "间接经济损失" 的单位为万元。

矿井基本信息表用于记录发生煤矿安全事故矿井的详细信息，包括：矿井编号、矿井名称、矿井所在地区、矿井类型、核定生产能力、实际生产能力、瓦斯等级、煤尘爆炸指数、持证情况、企业名称等字段，如表 6-2 所示。

表6-2　矿井基本信息表

| 字段名 | 中文含义 | 字段类型 | 长度 | 备注 |
|---|---|---|---|---|
| MineNo | 矿井编号 | int |  | 主键，非空 |
| MineName | 矿井名称 | nvarchar | 200 |  |
| MineRegion | 矿井所在地区 | nvarchar | 100 |  |
| MineType | 矿井类型 | varchar | 30 |  |
| ApproveProCap | 核定生产能力 | float |  |  |
| ActualProCap | 实际生产能力 | float |  |  |
| GasLevel | 瓦斯等级 | nvarchar | 10 |  |
| ExplosionIndex | 煤尘爆炸指数 | float |  |  |
| PermitCon | 持证情况 | nvarchar | 200 |  |
| CompanyName | 企业名称 | nvarchar | 100 |  |

表 6-2 中，瓦斯等级的常见值有瓦斯矿井、高瓦斯矿井和煤与瓦斯突出矿井。

矿井事故区域的自然状况信息表用于记录煤矿安全事故发生区域的自然状况，包括：事故编号、该区域的瓦斯涌出量、生产状况、煤层赋存状况、人员配备等字段，如表 6-3 所示。

表6-3　矿井事故区域的自然状况信息表结构

| 字段名 | 中文含义 | 字段类型 | 备注 |
|---|---|---|---|
| RegionID | 事故编号 | int | 主键，非空 |
| GasEmission | 该区域的瓦斯涌出量 | float |  |
| ProductionSta | 生产状况 | ntext |  |
| CombedGasOccur | 煤层赋存状况 | ntext |  |
| Staffing | 人员配备 | ntext |  |

表 6-3 中，瓦斯涌出量是指单位时间内从煤层以及采落的煤涌入矿井风中的气体总量，单位是立方米/分钟。煤层赋存状况是指植物遗体经过复杂的生物化

学作用、地质作用转变而成的层状固体可燃矿产在含煤岩系之中的赋存状况，包括煤层的层数、厚度、产状和埋藏深度等。

矿井安全事故环境参数信息表用于记录煤矿安全事故发生前事故区域的相关环境参数，包括：事故编号、事故发生前瓦斯浓度、瓦斯涌出方式、通风参数、供电情况、火源、爆炸发生时间、救护人员人数等字段，如表 6-4 所示。

表6-4　矿井安全事故环境参数信息表结构

| 字段名 | 中文含义 | 字段类型 | 长度 | 备注 |
|---|---|---|---|---|
| EnvironmentID | 事故编号 | int | | 主键，非空 |
| GasConcentrationBeforeAcc | 事故发生前瓦斯浓度 | float | | |
| GasGushWay | 瓦斯涌出方式 | nvarchar | 100 | |
| AirPara | 通风参数 | nvarchar | 100 | |
| PowerSupply | 供电情况 | ntext | | |
| FireSeat | 火源 | nvarchar | 100 | |
| ExplosionTime | 爆炸发生时间 | datetime | | |
| AmbulanceNum | 救护人员人数 | int | | |

### 4. 煤矿安全事故致因信息的数据结构

煤矿安全事故致因信息表用于记录每一个煤矿安全事故的事故致因分析结果，即在事故调查结果报告的基础上，对煤矿安全事故的致因基于事故致因模型进行分析，并将分析结果存储在煤矿安全事故致因信息表中。

煤矿安全事故致因信息表包括编号、事故编号、表现形式代码、致因因素代码、致因因素的概率等字段，如表 6-5 所示。其中，致因因素的概率主要是针对一些事故报告中未提及或无法准确确定的致因因素所提出的。例如，在一起煤矿安全事故中，为了分析"人因因素"中的"不安全行为的前提条件"，需分析"操作者状态"，若该起事故中的操作者因事故死亡，则无法明确得知事故发生前操作者的状态，在这种情况下，就需要相关的专家或者有关人员对操作者的精神状态和生理状态等进行评估，得出不明确致因因素的概率。

表6-5　煤矿安全事故致因信息表结构

| 字段名 | 中文含义 | 字段类型 | 长度 | 备注 |
|---|---|---|---|---|
| No | 编号 | int | | 主键，非空，自增 |
| AccNo | 事故编号 | varchar | 20 | 外键，主键，非空 |
| CauseDisplayCode | 表现形式代码 | varchar | 10 | 非空 |
| AccCauseCode | 致因因素代码 | varchar | 10 | 非空 |
| ReasonPro | 致因因素的概率 | float | | 非空 |

根据煤矿安全事故致因模型和 5.3 节的编码规则，将煤矿事故报告中所描述事故发生原因的表现形式的代码以及该表现形式对应的致因因素的代码存储在如表 6-5 所示的数据库表中，为统计表现形式功能的实现提供基础数据。

本章提出的编码规则和煤矿安全事故致因信息表的数据结构的设计，有利于根据各层的致因因素对煤矿安全事故进行查询、统计等。例如，要在存储于数据库的事故中查询由人因因素导致的所有煤矿安全事故，只需在煤矿安全致因信息表中查询致因因素代码的前两位为"13"的记录即可得到需要的结果。

5. 相关字典

为了方便高效地存储与管理数据，本节建立了煤矿事故等级字典、煤矿事故类型字典等。

事故等级字典用于记录煤矿事故的等级并为其编号，常见值有：一般事故、较大事故、重大事故、特别重大事故等。事故等级字典的表结构如表 6-6 所示。

表6-6 事故等级字典的表结构

| 字段名 | 中文含义 | 字段类型 | 长度 | 备注 |
|---|---|---|---|---|
| AccLevelNo | 事故等级编号 | int | | 主键，非空 |
| AccLevelName | 事故等级名称 | varchar | 20 | |

为煤矿事故等级的每个值编号，如表 6-7 所示。

表6-7 煤矿事故等级编码

| 事故等级编号 | 事故等级名称 |
|---|---|
| 1 | 一般事故 |
| 2 | 较大事故 |
| 3 | 重大事故 |
| 4 | 特别重大事故 |

事故类型字典用于记录煤矿事故的类型并为其编号，常见的事故类型主要有：瓦斯事故、矿井水害事故、煤矿顶板事故、运输事故、矿井火灾事故、放炮事故、机电事故、煤矿其他事故等。事故类型字典的表结构如表 6-8 所示。

表6-8 事故类型字典的表结构

| 字段名 | 中文含义 | 字段类型 | 长度 | 备注 |
|---|---|---|---|---|
| AccTypeNo | 事故类型编号 | int | | 主键，非空 |
| AccTypeName | 事故类型名称 | varchar | 30 | |

为煤矿事故类型的每个值编号，如表 6-9 所示。

表6-9　煤矿事故类型编码

| 事故类型编号 | 事故类型名称 |
|---|---|
| 1 | 煤矿瓦斯爆炸事故 |
| 2 | 矿井瓦斯中毒、窒息事故 |
| 3 | 煤矿顶板事故 |
| 4 | 煤与瓦斯突出事故 |
| 5 | 矿井水害事故 |
| 6 | 矿井火灾事故 |
| 7 | 煤尘爆炸事故 |
| 8 | 矿井爆破事故 |
| 9 | 机电事故 |
| 10 | 运输事故 |
| 11 | 放炮事故 |
| 12 | 煤矿其他事故 |

### 6.2.3　煤矿安全事故数据导入接口的设计

**1. 煤矿监控系统配备信息**

煤矿监控系统配备信息表，记录事故矿井所配备监控系统的有关信息，包括矿井编号、监控系统的型号、监控系统的名称、监控系统的作用（监控系统可监控的参数）、监控系统的状态（正常，不正常）等，表结构如表 6-10 所示。

表6-10　矿井监测系统配备信息表结构

| 字段名 | 字段类型 | 长度 | 备注 |
|---|---|---|---|
| 矿井编号 | int | | 主键，外键，非空 |
| 监控系统的型号 | nvarchar | 20 | |
| 监控系统的名称 | nvarchar | 20 | |
| 监控系统的作用 | nvarchar | 200 | |
| 监控系统的状态 | nvarchar | 20 | |

**2. 煤矿监测系统数据标准**

本节主要介绍已有的煤矿监测系统、井下人员管理系统等系统的数据标准，作为设计接口数据的参照。

（1）模拟量。

模拟量是指在一定范围内连续变化的量。在煤矿监测系统中，模拟量的值由相应的模拟量传感器进行监测，在不同的区域安装传感器以监测不同位置的模拟量数据。监测到的模拟量类型的名称、数据格式和数据的单位等如表 6-11 所示。

表6-11 煤矿监测系统模拟量

| 模拟量类型编码 | 模拟量类型名称 | 表示格式 | 单位 |
|---|---|---|---|
| M01 | 低浓度甲烷 | 00.00 | % |
| M02 | 高浓度甲烷 | 00.00 | % |
| M03 | CO | 000.0 | 毫克/升 |
| M04 | 风速 | 00.0 | 米/秒 |
| M05 | 温度 | 00.0 | ℃ |
| M06 | 风压 | 000 | 千帕 |
| M07 | 风量 | 00000 | 米³/分钟 |
| M08 | 瓦斯涌出量 | 0000.0 | 米³/分钟 |
| M09 | 负压 | 00.00 | 千帕 |
| M10 | 粉尘 | 000.0 | 毫克/米³ |
| M11 | 煤仓煤位 | 00.0 | 米 |
| M12 | 电压 | 000000 | 伏 |
| M13 | 电流 | 0000 | 安 |
| M14 | 电功率 | 0000.0 | 千瓦 |
| M15 | 电度 | 00000000 | 千瓦时 |
| M99 | 其他 | | |

（2）开关量。

开关量是指非连续变化的量，一般只有"1"和"0"两种状态。在煤矿监测系统中，开关量的值由相应的开关量传感器进行监测，监测到的开关量类型的名称和值如表6-12所示。

表6-12 煤矿监测系统开关量

| 开关量类型编码 | 开关量类型名称 | 开关量值 |
|---|---|---|
| K01 | 供电开停 | 0代表无电，1代表有电 |
| K02 | 局扇开停 | 0代表停，1代表开 |
| K03 | 主扇开停 | 0代表停，1代表开 |
| K04 | 馈电开停 | 0代表无电，1代表有电 |
| K05 | 风门 | 0代表开，1代表关 |
| K06 | 风筒 | 0代表无风，1代表有风 |
| K07 | 烟雾 | 0代表有烟雾，1代表无烟雾 |
| K08 | 供电断电控制器 | 0代表断电，1代表供电 |
| K09 | 风机闭锁 | 0代表进入闭锁，1代表解除闭锁 |
| K10 | 二级断电 | 0代表断电，1代表供电 |
| K99 | 其他 | |

（3）传感器运行状态。

煤矿监测监控系统监测实时数据的主要工具即为传感器，传感器的运行状态包括正常、报警、断电、超量程、故障等，如表 6-13 所示。传感器的运行状态对煤矿事故的分析也起到重要的作用。

表6-13　传感器运行状态

| 传感器运行状态编码 | 传感器运行状态名称 |
| --- | --- |
| 0 | 正常 |
| 1 | 报警 |
| 2 | 断电 |
| 3 | 超量程 |
| 4 | 传感器故障 |
| 5 | 其他 |

（4）井下人员信息。

煤矿井下作业人员管理系统[89]监测到的信息主要包括作业人员实时信息，超时报警信息，超员进入限制区域警报信息和作业人员工作异常信息等。

作业人员实时信息包括井下总人数、人员卡编号、人员姓名、职务/工种、入井时间、出井时间、当前所处区域、人员轨迹等信息。超时报警信息包括当前所处区域、报警开始时间、报警结束时间等信息。超员进入限制区域警报信息包括所在区域、超员类型、定员数、总人数、报警开始时间、报警结束时间等信息。作业人员工作异常信息包括所处区域、应到时间、应到地点、实到时间、实到地点、异常状态描述等信息。

**3. 煤矿安全事故数据库接口数据**

煤矿安全事故数据库对煤矿监测数据的记录主要是指一起煤矿安全事故发生前一段时间监测系统监测到的各类数据。本节根据上节所介绍的煤矿监测系统记录的数据的类型和标准，介绍记录煤矿监测数据的煤矿安全事故数据库表的数据结构与格式。将煤矿监测系统监测到的信息分为模拟量信息表，开关量信息表，顶板、矿压监测信息表，作业人员实时定位监测信息表，超时报警信息表，超员进入限制区域警报信息表，作业人员工作异常信息表等。

（1）模拟量信息表。

模拟量信息表（表 6-14）记录煤矿事故发生前一段时间内（如 10 分钟内），在发生事故的矿井内，煤矿监测系统所监测的模拟量的实时数据，包括低浓度甲烷、高浓度甲烷、一氧化碳、瓦斯涌出量、粉尘、煤仓煤位等环境参数信息，以及风速、风压、风量、电压、电流、电功率、电度等设备参数信息。

表6-14　模拟量信息表结构

| 字段名 | 中文含义 | 字段类型 | 长度 | 备注 |
|---|---|---|---|---|
| id | 表 id | int | | 主键，非空，自增 |
| AccNo | 事故编号 | varchar | 20 | 外键，非空 |
| TimePoint | 时间点 | datetime | | |
| SensorNo | 传感器编号 | char | 10 | |
| MonitorType | 传感器监测类型 | char | 3 | |
| SensorPlaceNo | 传感器设置地点编号 | char | 3 | |
| SensorState | 传感器状态 | char | 1 | 值参照表 6-13 |
| MonitorPlace | 监测地点 | nvarchar | 40 | |
| MonitorValue | 监测值 | float | | |
| Unit | 单位 | varchar | 6 | |
| LowerLimit | 量程下限 | float | | |
| UpperLimit | 量程上限 | float | | |
| AlarmValue | 报警值 | float | | |
| InterruptValue | 断电值 | float | | |
| ReplyValue | 复电值 | float | | |
| InterruptRegion | 断电区域 | nvarchar | 40 | |

表 6-14 中，监测地点包括采煤工作面上隅角、采煤工作面、采煤工作面回风巷、回采工作面进风巷、专用排瓦斯巷、掘进工作面、采区回风巷等地点。量程下限、量程上限、报警值、断电值和复电值等字段的设置，是为了将监测到的实际值与其进行对比，便于进行分析。

（2）开关量信息表。

开关量信息表（表 6-15）记录煤矿事故发生前一段时间内（例如 10 分钟内），在发生事故的矿井内，煤矿监测系统所监测的开关量的实时数据，包括烟雾等环境参数信息，以及供电开停、局扇开停、主扇开停、馈电开停、风门、风筒、供电断电控制器、风机闭锁、二级断电等设备信息。

表6-15　开关量信息表结构

| 字段名 | 中文含义 | 字段类型 | 长度 | 备注 |
|---|---|---|---|---|
| id | 表 id | int | | 主键，非空，自增 |
| AccNo | 事故编号 | varchar | 20 | 外键，非空 |
| TimePoint | 时间点 | datetime | | |
| SensorNo | 传感器编号 | char | 10 | |
| MonitorType | 传感器监测类型 | char | 3 | |
| SensorPlaceNo | 传感器设置地点编号 | char | 3 | |
| SensorState | 传感器状态 | char | 1 | 值参照表 6-13 |

续表

| 字段名 | 中文含义 | 字段类型 | 长度 | 备注 |
|---|---|---|---|---|
| MonitorPlace | 监测地点 | nvarchar | 40 | |
| MonitorValue | 监测值 | char | 1 | 有"0"和"1"两个值 |
| InterruptRegion | 断电区域 | nvarchar | 40 | |

（3）顶板、矿压监测信息表。

顶板、矿压监测信息表（表6 16）记录事故（主要针对顶板事故）发生前的一段时间（如 10 分钟）内，在发生事故的矿井内，顶板动态监测系统和矿山压力监测系统监测到的顶板离层位移和速度、工作面支架的工作阻力、锚杆载荷应力、煤层内部应力等实时监测值。

**表6-16　顶板、矿压监测信息表结构**

| 字段名 | 中文含义 | 字段类型 | 长度 | 备注 |
|---|---|---|---|---|
| id | 表 id | int | | 主键，非空，自增 |
| AccNo | 事故编号 | varchar | 20 | 外键，非空 |
| TimePoint | 时间点 | datetime | | |
| RoofShift | 顶板离层位移 | float | | |
| RoofSpeed | 顶板离层速度 | float | | |
| Resistance | 工作面内支架的工作阻力 | float | | |
| LoadStress | 锚杆载荷应力 | float | | |
| InnerStress | 煤层内部应力 | float | | |

（4）作业人员实时定位监测信息表。

作业人员实时定位监测信息表（表 6-17）记录事故发生前的一段时间（如 10 分钟）内，在发生事故的矿井内，井下作业人员管理系统监测到的人员的实时定位信息。

**表6-17　作业人员实时定位监测信息表结构**

| 字段名 | 中文含义 | 字段类型 | 长度 | 备注 |
|---|---|---|---|---|
| id | 表 id | int | | 主键，非空，自增 |
| AccNo | 事故编号 | varchar | 20 | 外键，非空 |
| TimePoint | 时间点 | datetime | | |
| PeopleNum | 井下总人数 | int | | |
| PeopleCardNo | 人员卡编号 | char | 16 | |
| PeopleName | 人员姓名 | nvarchar | 30 | |
| IDNo | 身份证号 | varchar | 20 | |
| JobType | 职务/工种 | nvarchar | 20 | |

| 字段名 | 中文含义 | 字段类型 | 长度 | 备注 |
| --- | --- | --- | --- | --- |
| Team | 区队/班组 | varchar | 40 | |
| EnterTime | 入井时间 | datetime | | |
| OutTime | 出井时间 | datetime | | |
| RegionName | 当前所处区域名称 | nvarchar | 120 | |
| RegionPeopleNum | 当前所处区域人数 | int | | |
| RegionTime | 进入当前区域时刻 | datetime | | |
| PeopleTrack | 该人员轨迹-时间串 | text | | |

表 6-17 中，人员卡的编号为矿井编号+···，共 16 位。

（5）超时报警信息表。

超时报警信息表（表 6-18）记录事故发生前的一段时间（如 10 分钟）内，在发生事故的矿井内，作业人员进入某一区域超时的警报信息。

**表6-18　超时报警信息表结构**

| 字段名 | 中文含义 | 字段类型 | 长度 | 备注 |
| --- | --- | --- | --- | --- |
| id | 表 id | int | | 主键，非空，自增 |
| AccNo | 事故编号 | varchar | 20 | 外键，非空 |
| TimePoint | 时间点 | datetime | | |
| PeopleNum | 井下总人数 | int | | |
| PeopleCardNo | 人员卡编号 | char | 16 | |
| PeopleName | 人员姓名 | nvarchar | 30 | |
| IDNo | 身份证号 | varchar | 20 | |
| JobType | 职务/工种 | nvarchar | 20 | |
| Team | 区队/班组 | varchar | 40 | |
| EnterTime | 入井时间 | datetime | | |
| RegionName | 当前所处区域名称 | nvarchar | 120 | |
| RegionTime | 进入当前区域时刻 | datetime | | |
| AlarmStartTime | 报警开始时间 | datetime | | |
| AlarmOverTime | 报警结束时间 | datetime | | |

（6）超员进入限制区域警报信息表。

超员进入限制区域警报信息表（表 6-19）记录事故发生前的一段时间（如 10 分钟）内，在发生事故的矿井内，进入限制区域或重点区域的人员数超过了规定的总人数而产生的警报信息。

**表6-19　超员进入限制区域警报信息表结构**

| 字段名 | 中文含义 | 字段类型 | 长度 | 备注 |
|---|---|---|---|---|
| id | 表 id | int | | 主键，非空，自增 |
| AccNo | 事故编号 | varchar | 20 | 外键，非空 |
| TimePoint | 时间点 | datetime | | |
| RegionName | 当前所处区域名称 | nvarchar | 120 | |
| RuleNum | 定员数 | int | | |
| HeadCount | 总人数 | int | | |
| AlarmStartTime | 报警开始时间 | datetime | | |
| AlarmOverTime | 报警结束时间 | datetime | | |

（7）作业人员工作异常信息表。

作业人员工作异常信息表（表 6-20）记录事故发生前的一段时间（如 10 分钟）内，在发生事故的矿井内，人员有异常状态的信息。

**表6-20　作业人员工作异常信息表结构**

| 字段名 | 中文含义 | 字段类型 | 长度 | 备注 |
|---|---|---|---|---|
| id | 表 id | int | | 主键，非空，自增 |
| AccNo | 事故编号 | varchar | 20 | 外键，非空 |
| TimePoint | 时间点 | datetime | | |
| PeopleNum | 井下总人数 | int | | |
| PeopleCardNo | 人员卡编号 | char | 16 | |
| PeopleName | 人员姓名 | nvarchar | 30 | |
| IDNo | 身份证号 | varchar | 20 | |
| JobType | 职务/工种 | nvarchar | 20 | |
| Team | 区队/班组 | varchar | 40 | |
| EnterTime | 入井时间 | datetime | | |
| OutTime | 出井时间 | datetime | | |
| RegionName | 当前所处区域名称 | nvarchar | 120 | |
| RegionPeopleNum | 当前所处区域人数 | int | | |
| RegionTime | 进入当前区域时刻 | datetime | | |
| RuleTime | 应到时间 | datetime | | |
| RuleRegion | 应到区域名称 | nvarchar | 20 | |
| Description | 异常状态描述 | ntext | | |

# 6.3 煤矿安全事故数据库系统的实现

## 6.3.1 系统技术框架

综合考虑系统需求分析的各方面因素，本节选择 ASP.NET 作为煤矿安全事故数据库系统的前台开发工具，C#作为开发语言，选择 Microsoft SQL Server 2008 作为后台数据库管理系统。

ASP.NET 是微软.NET Framework 的一部分，是一个统一的 Web 开发工具，具有执行效率高、简单易学、功能强大、适应性良好、可靠安全、可扩展、方便管理、灵活等优点[90, 91]。

C#是面向对象的编程语言，只存在于 Windows 中的.NET 平台，功能强大，几乎 Windows 下的任何应用程序，用 C#都可以做[92]。

本书选择 Microsoft SQL Server 2008 作为后台数据库管理系统，因其具有较强的可靠性、可用性、可编程性和易用性[93]。

## 6.3.2 系统体系结构

煤矿安全事故数据库系统选用浏览器/服务器结构（browser/server，B/S）[94]结构进行开发。

在 B/S 结构下，用户根据需求，通过 Web 浏览器提供的界面进行操作，而 Web 浏览器将用户的请求和数据发送给服务器，调用事务服务器上的组件，与后台的数据库进行交互，对数据库进行存入或读取数据等操作，处理完毕后将结果显示在用户的浏览器上。B/S 结构中，主要事务都在服务器端（server）实现，这就使客户端电脑的负荷大大减轻，也有利于系统的维护和升级。系统体系结构如图 6-11 所示。

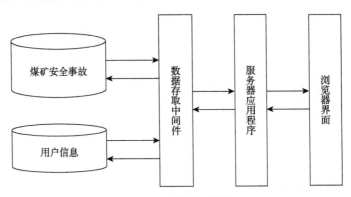

图 6-11　系统体系结构

### 6.3.3　煤矿安全事故数据库的建立

结合煤矿安全事故致因的数据模型和煤矿安全事故的数据库模型,以 SQL Server 2008 为平台,利用 PowerDesigner,构建概念数据模型(conceptual data model,CDM),并由 CDM 生成对应的物理数据模型(physical data model,PDM),与 SQL Server 进行连接,生成 SQL 脚本,使用此 SQL 脚本生成对应的数据库表,从而建立起煤矿安全事故数据库。

煤矿安全事故数据库的概念数据模型如图 6-12 所示,它包括煤矿安全事故致因框架结构信息、煤矿事故致因因素表现形式信息、煤矿安全事故信息、矿井基本信息、矿井事故区域的自然状况、矿井安全事故环境参数、煤矿安全事故致因信息等实体,这些实体之间存在一对多的联系,以及依赖联系、非依赖联系和递归联系等。

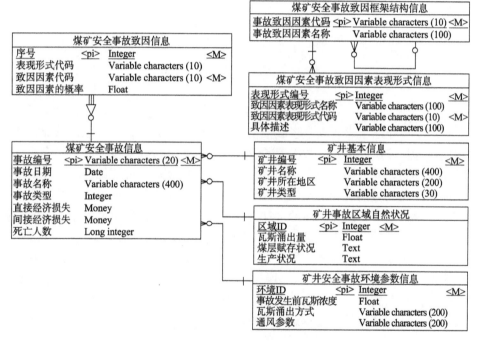

图 6-12　煤矿安全事故数据库的概念数据模型

与概念数据模型对应的物理数据模型如图 6-13 所示,它包括 7 个表,表与表之间带箭头的线段表示引用关系,箭头所指的表为主表,箭尾所指的表为子表,主表与子表通过外键连接起来。其中,煤矿安全事故致因框架结构信息表上存在一个递归引用。依据物理数据模型可直接生成 SQL 脚本。

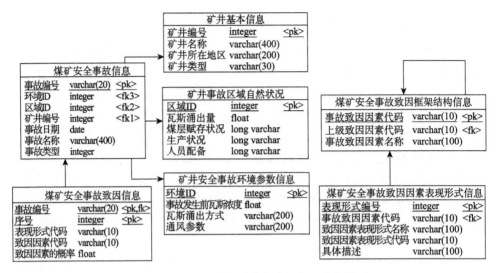

图 6-13　煤矿安全事故数据库的物理数据模型

# 6.4　本　章　小　结

　　本章主要介绍了煤矿安全事故数据库系统的设计方案，主要包括系统的功能模块的设计，煤矿安全事故数据库的设计及数据导入接口的设计。功能模块设计根据系统的功能需求和性能需求划分了系统的功能模块，并详细介绍了每个模块的功能划分和具体要实现的功能，设计了各模块的工作流程图，为系统的实现提供依据。煤矿安全事故数据库的设计是在煤矿安全事故致因模型和系统需求分析及功能模块设计的基础上，进行了煤矿安全事故数据库的概念结构设计、逻辑结构设计以及数据库表结构和字段类型的设计。数据导入接口的设计依据已有的煤矿安全监测系统所监测的数据类型和数据标准，设计了对应的煤矿安全事故数据库中要存储的监测数据的结构和类型，实现了该煤矿安全事故数据库系统，为煤矿安全事故数据的有效利用奠定了基础。

# 第7章 基于关联规则的煤矿安全事故致因链研究

一直以来,我国煤炭行业的安全形势很严重,事故发生率和死亡率均高于国外先进的煤炭生产国家。近几年来,我国持续加大对煤炭行业的投入力度和监督力度,积极调整煤炭产业结构,兼并和关停产能低、安全问题严重的小型煤矿,加强技术的研发,采用先进的设备,使煤炭行业的安全生产状况有了明显的好转,每年发生的重大事故和死亡人数都在逐年下降,但是目前煤矿安全形势仍然不容乐观。

我国煤矿事故之所以频繁发生,究其原因在于人们对煤矿事故发生的原因缺乏清晰和明确的认识,缺乏理论和模型的支持和指导,因此不能采取行之有效的措施和对策来预防和控制煤矿事故的发生。目前,众多的专家和学者对煤矿事故的致因机理进行了深入和广泛的研究,旨在分析煤矿事故发生的内在规律。例如,Maiti 等研究了印度近 100 年发生的严重煤矿死亡事故,开发了一种事件评估法(event evaluation algorithm,EEA)评估了印度煤矿行业的安全水平[94]。Groves 等采用矿业安全和健康管理局(The Mine Safety and Health Administration,MSHA)和美国近期人口调查(current population survey,CPS)的数据检查在 1995~2004 年煤矿相关设备的损伤,结果表明非开采设备涉及非致命事故概率最高,矿石运输设备造成死亡事故概率最高[95]。Niu 等通过分析近年来的煤矿事故的原因,结果显示大多数煤矿瓦斯爆炸发生在低瓦斯矿井正常的生产条件下,指出控制隐患的关键因素在于分析应急救援的相关信息,建立可靠性高的安全技术保障措施,提高应急救援的技术水平和煤矿事故预防措施[96]。Wang 等分析了中国 2006~2010 年的瓦斯事故数据,发现瓦斯事故的时间区间近似呈现指数分布,低瓦斯矿井发生事故数和死亡人数反而更多,指出中国煤矿管理上存在煤矿安全监督不充足、科研投入不足、员工技术素质低下等问题[97]。周心权和陈国新在煤矿瓦斯爆炸事故致因因素的统计和概率分析基础上,揭示了最近几年来煤矿瓦斯爆炸事故发生在低瓦斯区域的新特点和规律[98]。Zhang 研究煤矿工人生活事件和人为失误之间的因果关系，发现包括心理压力、心理功能、生理功能等对人为失误有很大的影响，并利用结构方程的方法建立了煤矿工人人为失误与生活事件之间的因果模型[99]。Li 等对煤矿瓦斯事故进行了系统的分析，从管理系统的角度对引起瓦斯事故的原因和预防事故的方法进行了仿真模拟，结果表明在中国的煤矿安全管理中，时间延迟和反馈效应对瓦斯安全有重要的影响[100]。张瑞林等研究了影响煤与瓦斯突出的地质因素，建立了煤与瓦斯突出事故树通用模型，并根据淮北矿业集团芦岭煤矿的井田地质条件和煤与瓦斯突出情况得出了煤与瓦斯突出事故树事件函数，并通过计算得出了控制煤与瓦斯突出的关键因素[101]。林泽炎对煤矿事故进行了统计研究，发现人为冒险导致的事故数量和死亡人数都高于偶然突发事故的数量和死亡人数，由此他认为人的意识、情绪等心理因素是事故关键致因[102]。陈红提出了"行为栅栏"理论，并且建立了煤矿事故中不安全行为的控制栅栏理论模式[103]。上述研究均对煤矿事故的发生进行了深入的研究，但仍缺乏对煤矿事故数据的有效利用。

因此，本章将基于建立的煤矿安全事故数据库系统，将事故报告的文本信息转化为便于利用的关系型数据，并利用关联规则数据挖掘方法从瓦斯事故的致因数据中获得事故致因因素的极大频繁项集。最后，通过对项集内致因因素的关联规则分析获得煤矿事故的致因链，从本质上揭示煤矿事故发生的机理，为有针对性地制定煤矿事故的防治策略奠定基础。

# 7.1　煤矿安全事故致因链挖掘方法分析

伴随着计算机技术的发展，数据库逐渐演变成现在常见的关系型数据库，使用户可以通过查询语言更加方便地访问数据库。随着信息量的与日俱增，传统的数据库处理技术无法分析和处理海量的数据，不能为用户提供有价值的分析结果，所以数据挖掘技术由此诞生。

从具有随机干扰、缺失、错误、噪声和不完整的海量数据中，提取出对用户有用的、潜在的、隐含的、未知的信息，这样的操作称为数据挖掘。挖掘得到的知识可以被用作决策支持、信息管理、过程控制等，还可以用于数据维护。

根据分析煤矿安全事故报告建立的煤矿安全事故数据库是以离散型数据存储的。通过对煤矿致因数据进行挖掘，可以从多层次、多角度、更加全面地分析煤矿事故的特征，掌握煤矿事故致因数据背后的隐藏规律。

根据挖掘任务的不同，数据挖掘可以分为分类分析、聚类分析、序列规则分析、关联规则分析等。

（1）分类分析。

分类简单说就是从煤矿致因因素表现形式中发现共同性质，将表现形式分成不同类别的过程。分类作为一种监督型的方法，为构造分类模型，需要从数据库中选取样本数据作为训练集，另一些数据作为测试集。通过分析训练集，构造能够表现其中主要特征的模型，得到每个类型的准确描述，然后通过分析测试集的数据样本将其扩展为一个更好的分类模型。分类方法一般被用作规则描述。

（2）聚类分析。

聚类分析是把复杂的煤矿致因因素表现形式根据表现形式本身属性的相似程度分成不同的类型，每一类型的表现形式之间的属性相似，不同表现形式的属性相异。划分的原则是保持最小组间的相似性和保持最大组内的相似性。聚类分析不考虑已知类型的标记，将表现形式分成多个类型。聚类按照特定的标准判断表现形式之间的差别进行划分，每个类型可以导出规则，该规则可以描述聚类的依据和结果。

（3）序列规则分析。

序列规则分析是侧重分析数据之间存在前后序列关系，尤其是时间上的前后关系。在时间序列规则中，事件不是孤立存在的，在目标事件发生前，时间序列会表现出一定的规律性。因此可通过目标事件发生之前，时间序列上发生的变化规律，预测目标事件是否会发生。

（4）关联规则分析。

关联规则分析能够挖掘发现大量数据项集之间隐藏的相互关联的规则。数据集中存在很多关联规则，结合相关的专业知识，选取其中满足一定条件的关联规则，可能会得到平时想象不到却又合情合理的规则。

关联规则可以简单分为三种类型，简单关联、时序关联以及因果关联。对煤矿安全事故致因链的研究，就是分析导致煤矿瓦斯事故发生的众多致因因素之间隐藏的因果关联，寻找煤矿瓦斯事故发生的根本原因，所以本节采用数据挖掘方法中的关联规则分析进行研究。

关联规则算法是现在运用最广泛的数据挖掘技术，是研究数据库项集之间潜在的相互关联的方法。由 R.Agrawal 等提出之后，在各个领域得到了广泛的应用，使其成为数据挖掘方法中最主要、最活跃的方法之一。针对煤矿安全事故致因数据类型，本节采用的关联规则算法具有如下特点。

（1）根据关联规则需要处理的数据的类型分类，可以分为布尔型和量化型。布尔型关联规则是指算法处理的数据是离散的，考虑的是因素项集是否存在。量化型关联规则是指算法对数据量化的字段进行分析，表达量化的因素项集与属性之间的关系，考虑的是因素项集与属性之间的关联。煤矿安全数据库中的致因数据都是离散数据，分析的是致因因素项是否发生，所以选择布尔型关联规则算法研究煤矿安全事故的致因链。

（2）根据关联规则中数据的维数分类，可分为单维关联规则和多维关联规则。单维关联规则中的每个项集或者属性只涉及一个维度，而多维关联规则中的项集或者属性涉及两个或多个维度。致因链中研究煤矿事故致因因素之间的关联关系，只涉及一个维度，所以煤矿安全事故致因链研究属于单维关联规则。

（3）根据关联规则中数据的抽象层次的数目角度分类，可以分为单层关联规则和多层关联规则。单层关联规则数据相对应的属性与项集在同一抽象层，多层关联规则数据相对应的属性与项集处于不同抽象层。煤矿安全事故致因因素之间存在的关联规则处于同一抽象层，所以煤矿安全事故致因链研究属于单层关联规则。

（4）根据关联规则算法挖掘模型的不同，可以将其分为结构模式挖掘、序列模式挖掘和频繁项集挖掘，所以煤矿安全事故致因链研究属于频繁项集挖掘。

目前，常见频繁项集发现的关联规则算法主要有以下几种。

（1）AIS 算法。

AIS 算法需要对数据库进行多次扫描，在扫描数据过程中，产生候选项集，同时对候选项集进行计数。算法读取一条数据后，会寻找是否有之前生成的频繁项集，这样的频繁项集与该数据扩展形成新的候选项集。算法的缺点是产生了过多被验证的候选项集，降低了运算效率。

（2）Apriori 算法。

Apriori 算法采用了逐层迭代的方法来产生候选项集，用频繁 $k$ -项集查询候选（$k+1$）-项集。每一次都需要重复扫描数据库，该算法的主要功能就是挖掘出所有的频繁项集。

（3）直接散列和修剪算法（direct hashing and pruning，DHP）。

DHP 算法采用哈希函数产生频繁项集，算法的效率取决于哈希表的大小和哈希函数的质量。大的哈希表会减少冲突，提高剪枝效果，同时也会消耗更多的内存。所以 DHP 算法的关键是平衡空间和性能的关系。

（4）频繁模式增长算法（frequent pattern-growth，FP-Growth）。

FP-Growth 算法在挖掘频繁项集的过程中不产生候选项集，通过短频繁项集逐步增长的方式产生更长的频繁项集，并且只需扫描两次数据库。第一次扫描得到频繁 1-项集，第二次扫描构造频繁模式树（frequent pattern-tree，FP-Tree）。但当数据库数据庞大时，构造 FP-Tree 结构复杂，实现起来不现实。

（5）哈希链挖掘（hash chain structure mine，HCS-Mine）。

HCS-Mine 算法采用哈希链结构挖掘频繁项集，并动态构造链地址。HCS-Mine 算法同样不产生候选项集，也减少了数据库的扫描次数。但数据库中数据比较大时，该算法产生的数据结构多次存入内存中，影响算法的效率。

在上述方法中，Apriori 算法是一种最成熟、最有影响力的挖掘布尔关联规则频繁项集的算法，因此本书选用 Apriori 算法来研究煤矿安全事故的致因链。

# 7.2　Apriori 算法描述及改进方法

关联规则挖掘也被称为购物篮分析（market basket analysis），其目的是从事务集合 $D$ 中挖掘出满足支持度和置信度最低阈值要求的关联规则。规则 $A \Rightarrow B$ 在事务集 $D$ 中以支持度 $s$ 和置信度 $c$ 定义为

$$s(A|B) = P(A \cup B) \qquad (7\text{-}1)$$

$$c(A \Rightarrow B) = P(B|A) = \frac{s(A \cup B)}{s(A)} \qquad (7\text{-}2)$$

实质上，支持度 $s$ 是事务集 $D$ 中同时包含 $A$ 和 $B$ 的百分比，也可记作概率 $P(A \cup B)$；置信度 $c$ 是 $D$ 中 $A$ 事务中同时也包含 $B$ 事务的百分比，也即条件概率 $P(B|A)$。

项的集合称为项集，包含 $k$ 个项的项集称为 $k$-项集。如果 $k$-项集的支持度大于或者等于设定的最小支持度，则称该 $k$-项集为 $k$-阶频繁项集。频繁 $k$-项集的集合通常记为 $L_k$。关联规则挖掘可以大致分为两步：①从事务集合中找出频繁项集；②从频繁项集合中生成满足最低置信度的关联规则。

最著名的关联规则挖掘算法是 Agrawal 和 R.Srikant 于 1994 年提出来的 Apriori 方法[104]，该算法主要利用了向下封闭属性，也即如果一个项集是频繁项集，那么它的非空子集必定是频繁项集，先生成 1-频繁项集，再利用 1-频繁项集生成 2-频繁项集，然后根据 2-频繁项集生成 3-频繁项集，依次类推，直至生成所有的频繁项集，然后从频繁项集中找出符合条件的关联规则。

Apriori 算法的优点是思路比较简单，在挖掘频繁项集长度较短时，有很好的性能。但是，Apriori 算法有两个明显的缺陷。

（1）算法需要多次重复扫描数据库，算法每次通过候选项集构建频繁项集时，都需要扫描一次数据库来确定候选项集中的项的支持度判断是否满足条件。假设极大频繁项集中包含十项，就需要重复扫描十次数据库。当数据库中存储大量数据时，算法效率会大大降低，会加大系统的负载。

（2）可能产生庞大的候选项集。算法在 $k\text{-}1$ 频繁项集生成 $k$-频繁项集过程时，会产生大量的候选项集，候选项集的数量是成几何倍增长的。尤其是最小支持度设定较小时，产生的候选项集会极其庞大，如此庞大的候选项集需要进行验

证，需要消耗大量的空间和资源，而且有大量的重复运算，极大地影响了算法的运算效率。

针对 Apriori 算法存在的缺陷，大量学者进行了研究，提出了许多改进方法，极大地提高了算法的运算效率。例如，散列技术、划分技术、抽样算法、事务压缩等，都是在 Apriori 算法基础上改进发展起来的，有效提高了 Apriori 算法的效率。

Apriori 算法之所以会产生庞大的候选项集，除了要多次扫描数据库外，关键是在验证候选项集中会有大量的重复运算，同时每次扫描数据库都是扫描整个数据库，因此从上述两点出发进行改进[105]。

Apriori 算法存在一个规律：当一个事务集中不存在为 $N$ 的频繁项集时，长度为 $N+1$ 的频繁项集也不会被包含在内；任意一个有 $N$ 个项集的支持度都与小于其支持度的事务集无关，同样不需要计算在内。所以按照此规律，算法在生成 $N$-候选项集的同时，就可以不再扫描那些字段长度小于 $N$ 的事务，这样就可以减少重复扫描不必要的数据造成的数据运算量。此外，可以构建一张辅助表，该辅助表中包括那些需要删除的不可能出现在候选项集中的事务的信息，包括事务的编号和字段长度。在算法运算时，先扫描辅助表，对于不保存在辅助表中的事务就不再进行扫描，只对保存在辅助表中的事务进行扫描。同时对辅助表进行更新，将不存在候选项集（字段长度小于 $N$）且不包括在频繁项集中的事务加入辅助表。因此每次进行数据库扫描前，先扫描辅助表中保存的信息，跳过辅助表中不存在的事务，从而不需要扫描整个数据库中的数据，可以极大提高算法的运算效率。

改进后的 Apriori 算法从两个方面提高了运算效率：①将数据库中的数据直接存入内存中，这样每次需要扫描数据时，只需直接访问内存，不需要重复访问数据库，加快了查询速度。②通过构建辅助表，跳过数据表中无效的事务，从而减少查询数据表时需要查询的事务的个数，减少了查询时间。

改进后的算法在支持度越小运算次数越多时，优势越明显。这是因为不符合字段长度的事务被提前删除，大大压缩了被扫描的数据表，节约了大量的扫描时间。当数据库的数据量很大时，改进后的 Apriori 算法构建的辅助表占用的空间会增大，从而占用内存空间，影响运算速度。

# 7.3　基于 Apriori 算法的煤矿瓦斯事故致因链挖掘

在煤矿安全事故中，瓦斯爆炸事故是经济损失最大、人员伤亡最多的事故，也是造成社会影响最大的重特大事故，预防瓦斯爆炸一直是煤矿安全工作的重中之重。尤其是当前煤矿瓦斯爆炸重特大事故多发，形势十分严峻。例如，2014年我国煤矿共发生重大事故 14 起，造成 229 人死亡，其中有 9 起为煤矿重大瓦斯事故，共造成 162 人死亡，分别占总数的 64.3% 和 70.7%[106]。因此控制瓦斯事故的发生是目前煤矿安全生产工作中迫切需要解决的问题。煤矿瓦斯事故破坏力大、人员伤亡多、经济损失严重、社会影响恶劣，因此降低瓦斯事故的发生具有重要的意义，抑制煤矿瓦斯事故的关键在于分析煤矿瓦斯事故发生的根本原因。关联规则数据挖掘能够从大量数据中寻找隐藏的关联信息，获得有价值的规则。使用关联规则算法，对大量的煤矿瓦斯事故致因数据进行挖掘，挖掘致因因素之间隐藏的关联规则，对揭示煤矿瓦斯事故的致因链有重要的作用。

　　建立的煤矿安全事故数据库系统能够实现对煤矿事故基本信息和致因信息的录入与查询，将煤矿事故报告从文本信息结构转化成数据型结构，通过分析大量的煤矿瓦斯事故报告建立了煤矿瓦斯事故致因数据库，为挖掘煤矿瓦斯事故致因信息之间的关联规则提供了有利条件。所以，本章在煤矿安全事故数据库系统的基础上利用关联规则挖掘煤矿瓦斯事故的致因链，实现煤矿安全事故的有效利用。

### 7.3.1　煤矿瓦斯事故的极大频繁项集

　　关联规则算法中最小支持度和最小置信度是两个重要的条件变量，对算法的结果有着直接的影响。最小支持度越大，挖掘得到的极大频繁项集的阶层越小，即极大频繁项集内的致因因素越少，形成的致因链条就会太短，无法有效反映煤矿瓦斯事故发生的规律。最小支出度越小，则极大频繁项集的阶数越大，极大频繁项集内的致因因素越多，得到的致因链就会越复杂，不利于研究煤矿瓦斯事故的根本原因。支持度太小表明频繁项集在事务集合中覆盖的范围很小，频繁项集内的致因因素发生的偶然性很大，结果缺乏可行度。因此选择恰当的最小支持度至关重要。

　　本书选择两个不同的最小支持度研究煤矿瓦斯事故致因链，对比不同的最小支持度对结果的影响。本节选择 10% 和 5% 为两个最小支持度，得到的煤矿瓦斯事故致因因素的极大频繁项集结果[107]，如表 7-1 和表 7-2 所示。

**表7-1　最小支持度为10%的煤矿瓦斯事故极大频繁项集**

| 阶数 | 频繁项集 | 支持度 |
|---|---|---|
| 7 阶 | 安全技术措施编制不严密、安全监视不到位、安全计划管理漏洞、操作者违反规章制度、未严格落实安全规则制度、未采取相应的有效措施、没有纠正不恰当行为 | 0.104 477 614 |
| 8 阶 | | 0 |

表7-2　最小支持度为5%的煤矿瓦斯事故极大频繁项集

| 阶数 | 频繁项集 | 支持度 |
|---|---|---|
| 9阶 | 人力资源管理不到位、企业未取得相应执照、没有生产资格、安全监管不到位、对违规检查力度不够、强行组织生产、操作者违反规章制度、未严格落实安全规章制度、现场安全管理松懈、行政决定不合理 | 0.054 726 37 |
| 10阶 | | 0 |

其中，安全技术措施编制不严密的支持度为46%，安全监视不到位为72%，安全计划管理漏洞为60%，操作者违反规章制度为65%，未严格落实安全规章制度为71%，未采取相应的有效措施为61%，没有纠正不恰当行为为39%。

在上述极大频繁项集中，人力资源管理不到位的支持度为47%，安全监视不到位为72%，现场安全管理松懈为46%，行政决定不合理为24%，企业未取得相应执照、没有生产资格为24%，未严格落实安全规章制度为71%，对违规检查力度不够为47%，强行组织生产为29%，操作者违反规章制度为65%。

对比两个最小支持度得到的不同极大频繁项集可以发现，最小支持度的不同对极大频繁项集的结果有很大的影响。不同极大频繁项集内的致因因素也有很大的不同，除了未严格落实安全规章制度、操作者违反规章制度和安全监视不到位外，其余的致因因素都不相同。这三个因素的支持度也是其中最大的，说明在煤矿瓦斯事故中这三个因素发生的概率最大，是导致煤矿瓦斯事故发生最重要的三个原因。例如，2008 年河南省郑州登封市新丰二矿"9·21"特别重大煤与瓦斯突出事故的直接原因是在没有采取"四位一体"综合防突措施的情况下，打钻作业诱发了煤与瓦斯突出；间接原因是长期违法生产、安全管理混乱、未认真履行安全生产管理职责、有关职能部门对新丰二矿安全生产监管不到位等。因此，事故主要是由于员工没有严格落实安全规章制度、违规操作导致事故的发生，同时相关部门对煤矿安全监视的缺失，没有及时发现煤矿生产的诸多违法违规行为最终导致事故的发生。

上述两个不同的极大频繁项集有一个共同点，就是项集内的因素均为人因方面的因素，并未包含事故的设备方面的因素和环境方面的因素，这主要是由于以下几个因素。

（1）在导致煤矿事故发生的因素中，人为的因素占主导作用，设备和环境方面的因素相对较少。

（2）煤矿事故中的设备因素一般是被动发生，如操作者的不恰当操作，在设备因素背后一般都会有人为因素的存在。

（3）我国现阶段的煤矿事故调查主要以责任认定为主，因此煤矿事故报告主要分析事故发生的人为原因，对设备和环境方面的原因的分析较少。

（4）《煤矿安全事故报告和调查处理规定》第三十条中规定煤矿事故调查

报告包括的主要内容，只概括地提到要包括事故发生的直接原因和间接原因，没有对具体原因进行分类，所以目前煤矿事故报告中对事故原因的描述不够全面，缺乏对设备和环境方面原因的详细描述。

利用煤矿安全事故数据库系统中的数据统计工具，对存入数据库的煤矿瓦斯事故进行设备因素和环境因素方面的统计汇总，结果如图 7-1 所示。

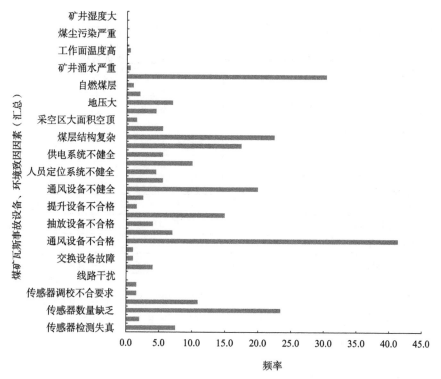

图 7-1　煤矿瓦斯事故设备、环境致因因素统计

从图 7-1 中可以看出，设备和环境因素致因的表现形式中传感器数量缺乏、通风设备不合格、煤层结构复杂、瓦斯涌出量大的发生概率达到 20% 以上，其余的表现形式发生的比例都相对很小，还有很多表现形式没有涉及。因此，在煤矿瓦斯事故中设备因素和环境因素较少，也从侧面反映研究结果的合理性。

### 7.3.2　煤矿瓦斯事故的致因链

通过分析极大频繁项集内因素两两之间的因果关系，即相互关联规则获得煤矿瓦斯事故的致因链条。

计算极大频繁项集内因素两两之间的相互置信度大小，并通过矩阵表示，矩阵的每一个交点的数值代表的是横坐标因素导致纵坐标因素发生的置信度。由于煤矿瓦斯事故致因因素中的人因因素是在 HFACS 模型基础上构建的，所以人因因素之间的因果关系应遵循 HFACS 模型中上层导致下层的原则，其中安全技术措施编制不严密、安全监视不到位、安全计划管理漏洞属于第一层次，未严格落实安全规章制度、未采取相应的有效措施、没有纠正不恰当行为属于第二层次，操作者违反规章制度属于第四层次。将不符合要求的置信度用 0 表示，得到最终的置信度表。

最小支持度为 10%时极大频繁项集内因素之间的置信度如表 7-3 所示。

**表7-3　最小支持度为10%的煤矿瓦斯事故致因因素间置信度**

| 因素 | 安全技术措施编制不严密 | 安全监管不到位 | 安全计划管理漏洞 | 未严格落实安全规章制度 | 未采取相应的有效措施 | 没有纠正不恰当行为 | 操作者违反规章制度 |
|---|---|---|---|---|---|---|---|
| 安全技术措施编制不严密 | 0 | 0.774 | 0.613 | 0.828 | 0.677 | 0.452 | 0.742 |
| 安全监管不到位 | 0.500 | 0 | 0.590 | 0.799 | 0.639 | 0.451 | 0.771 |
| 安全计划管理漏洞 | 0.471 | 0.702 | 0 | 0.760 | 0.653 | 0.455 | 0.661 |
| 未严格落实安全规章制度 | 0 | 0 | 0 | 0 | 0.699 | 0.469 | 0.797 |
| 未采取相应的有效措施 | 0 | 0 | 0 | 0.813 | 0 | 0.480 | 0.740 |
| 没有纠正不恰当行为 | 0 | 0 | 0 | 0.848 | 0.747 | 0 | 0.810 |
| 操作者违反规章制度 | 0 | 0 | 0 | 0 | 0 | 0 | 0 |

设定最小置信度为 75%，并将满足最小支持度和最小置信度的关联规则按照一定顺序串联起来就能够得到煤矿瓦斯事故的致因链，如图 7-2 所示。

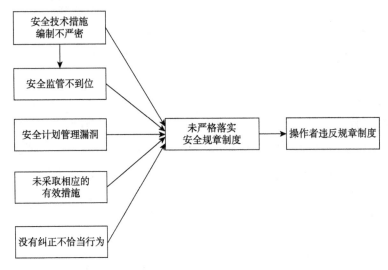

图 7-2　最小支持度为 10%的煤矿瓦斯事故致因链

最小支持度为 5%时极大频繁项集内因素之间的置信度如表 7-4 所示。

**表7-4　最小支持度为5%的煤矿瓦斯事故致因因素间置信度**

| 因素 | 人力资源管理不到位 | 安全监管不到位 | 现场安全管理松懈 | 行政决定不合理 | 企业未取得相应执照 | 未严格落实安全规章制度 | 对违规检查力度不够 | 强行组织生产 | 操作者违反规章制度 |
|---|---|---|---|---|---|---|---|---|---|
| 人力资源管理不到位 | 0 | 0.811 | 0.568 | 0.305 | 0.326 | 0.832 | 0.558 | 0.347 | 0.758 |
| 安全监管不到位 | 0.535 | 0 | 0.521 | 0.319 | 0.319 | 0.799 | 0.549 | 0.389 | 0.771 |
| 现场安全管理松懈 | 0.581 | 0.806 | 0 | 0.290 | 0.323 | 0.860 | 0.516 | 0.366 | 0.731 |
| 行政决定不合理 | 0.604 | 0.958 | 0.563 | 0 | 0.542 | 0.958 | 0.688 | 0.729 | 0.958 |
| 企业未取得相应执照 | 0 | 0 | 0 | 0 | 0 | 0.833 | 0.708 | 0.813 | 0.917 |
| 未严格落实安全规章制度 | 0 | 0 | 0 | 0 | 0.280 | 0 | 0.552 | 0.357 | 0.797 |
| 对违规检查力度不够 | 0 | 0 | 0 | 0 | 0.358 | 0.832 | 0 | 0.400 | 0.779 |
| 强行组织生产 | 0 | 0 | 0 | 0 | 0.672 | 0.879 | 0.655 | 0 | 0.931 |
| 操作者违反规章制度 | 0 | 0 | 0 | 0 | 0 | 0 | 0 | 0 | 0 |

设定最小置信度为 75%，并将满足最小支持度和最小置信度的关联规则按照一定顺序串联起来就能够得到煤矿瓦斯事故的致因链，如图 7-3 所示。

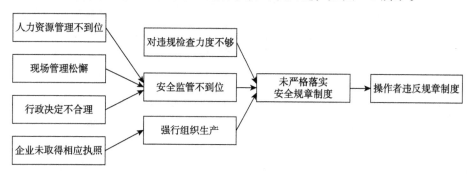

图 7-3　最小支持度为 5%的煤矿瓦斯事故致因链

由图 7-3 可以看出，操作者违反规章制度是导致煤矿瓦斯事故发生的直接原因，造成该原因发生的深层次原因是未严格落实安全规章制度，并且在煤矿瓦斯事故致因链中，未严格落实规章制度都是最关键的点，可以通过预防未严格落实规章制度的发生切断煤矿瓦斯事故的致因链，从而很大程度上减少煤矿瓦斯事故发生的概率。通过分析致因链提出以下几点建议。

（1）煤矿应该完善自身的安全规章制度，编制严格准确的安全技术规程。自身完善的安全规章制度是员工的行为准则，是煤矿安全的基石，也是煤矿各层次人员严格落实规章制度的前提。

（2）为了严格落实安全规章制度需要从加大对违规检查的力度和加强安全生产监视，制定相应的奖惩措施。加强对员工违反规章制度的检查力度，对违反规章制度和操作规程的员工要根据相应的惩罚措施严肃处理，防止员工再犯；对员工不恰当的行为要及时发现并纠正其不恰当的行为，防止对煤矿安全造成隐患；对已经因员工违规造成的不良影响要及时采取有效措施，防止不良影响扩大导致更严重的后果。加强安全生产监视一方面是煤矿内要加强生产工作的监视，及时发现问题解决问题，消除安全隐患；另一方面是政府有关监察部门要加强对煤矿各项安全措施的监察，发现问题及时要求煤矿停产并限期整改，将安全隐患消除在萌芽阶段。

（3）煤矿需要加强对员工的安全和技能培训，提高员工的安全生产责任意识和安全技术素养，使员工自觉遵守安全规章制度，严格按照操作规程进行生产操作。

（4）煤矿的领导需要完善煤矿的各项管理方面机制，消除管理层次存在的漏洞，确保各项安全措施能够顺利落实。

（5）煤矿的领导要树立正确的价值观，严格遵守国家相关的法律法规，将安全放在第一位。不能一味追求产量和利益而牺牲安全保障，甚至进行违法的行为，做出错误的决定。

# 7.4　本章小结

目前我国的煤矿事故依然频发，如何有效地利用煤矿事故数据，揭露煤矿事故发生的机理，有针对性地制定措施与政策，对于预防煤矿事故的发生有着重要的意义。本章以建立的煤矿安全事故数据库系统为基础，利用关联规则算法来分析煤矿瓦斯事故的致因数据，获得了导致煤矿瓦斯事故发生的致因链，并提出了有针对性的对策和建议。

# 第8章 基于数据库系统的煤矿安全事故的人因分析

根据前文分析，人因因素依然是煤矿安全事故产生的重要原因，因此，本章将基于建立的煤矿安全事故数据库系统进一步对煤矿安全事故的人因因素进行分析[30, 32]。具体来讲，利用建立的煤矿安全事故数据库，以重大煤矿安全事故（按照自2007年6月1日起施行的《生产安全事故报告和调查处理条例》第493号规定区分，本书所指的重大煤矿事故是指造成3人以上死亡，或者10人以上重伤，或者1 000万元以上直接经济损失的事故）和山西某煤矿集团的煤矿一般安全事故（指造成3人以下死亡，或者10人以下重伤，或者1 000万元以下直接经济损失的事故）两组调查报告为样本，开展煤矿安全事故的人因分析和分类调查，从人因角度利用卡方检验和灰色关联分析两种方法分析了重大煤矿安全事故和山西某煤矿集团的煤矿一般安全事故产生的原因。

## 8.1 煤矿安全重大瓦斯事故的人因分析

对国内近十年发生的100起典型的煤矿安全重大瓦斯事故类别的频率进行分析，事故种类见表8-1。

表8-1 100起瓦斯事故类别发生频数

| 瓦斯事故类别 | 频数 | 瓦斯事故类别 | 频数 |
|---|---|---|---|
| 瓦斯超限 | 31 | 瓦斯煤尘爆炸 | 6 |
| 瓦斯爆炸 | 28 | 瓦斯燃烧 | 3 |
| 煤与瓦斯突出 | 18 | 其他 | 2 |
| 瓦斯窒息 | 12 | | |

从表 8-1 中可以看出，在 100 起瓦斯事故中，瓦斯超限和瓦斯爆炸分别占了 31%和 28%，两种事故占了总的 59%，达到一半以上。然后是煤与瓦斯突出占 18%，12%的瓦斯窒息事故，还有瓦斯煤尘爆炸、瓦斯燃烧和其他事故占 10%左右。可以看出这 100 起事故涵盖了国内较常发生的瓦斯事故，数据具有典型性。

### 8.1.1 煤矿安全重大瓦斯事故的人因频率统计

利用构建的煤矿安全事故数据库，以 100 起瓦斯事故调查报告为样本，从人因角度，对每一起事故按 HFACS 框架的原因进行统计分析，结果见表 8-2。

**表8-2　HFACS框架下100起煤矿瓦斯事故原因的频数和所占百分比统计**

| HFACS 框架 | 频数 | 百分比/% | HFACS 框架 | 频数 | 百分比/% |
|---|---|---|---|---|---|
| 水平 1：管理组织缺失 | | | 水平 3：不安全行为的前提条件 | | |
| 管理过程漏洞 | 73 | 50 | 精神状态 | 64 | 29.77 |
| 管理文化缺失 | 51 | 34.93 | 生理状态 | 4 | 1.86 |
| 资源管理不到位 | 22 | 15.07 | 身体/智力局限 | 5 | 2.33 |
| 水平 2：不安全的监督 | | | 物理环境 | 32 | 14.88 |
| 监督不充分 | 71 | 35.15 | 技术环境 | 54 | 25.17 |
| 运行计划不恰当 | 29 | 14.36 | 水平 4：不安全行为 | | |
| 没有及时发现并纠正问题 | 50 | 24.75 | 技能差错 | 26 | 23.64 |
| 违规监督 | 52 | 25.74 | 决策差错 | 24 | 21.82 |
| 水平 3：不安全行为的前提条件 | | | 知觉差错 | 5 | 4.55 |
| 人员资源管理 | 20 | 9.3 | 违规 | 55 | 50 |
| 个人的准备状态 | 36 | 16.74 | | | |

注：表中数据进行过舍入修约

从表 8-2 可以看出，在这 100 起煤矿安全重大瓦斯事故中，管理组织的缺失层次中，50%的事故发生与管理过程漏洞有关，管理文化缺失占 34.93%，而资源管理不到位占 15.07%。在不安全的监督层次中，35.15%的瓦斯事故与监督不充分有关，没有及时发现并纠正问题、违规监督分别占了不到30%，运行计划不恰当占了 14.36%。在不安全行为的前提条件中，精神状态和技术环境占的比重最大，分别占到 29.77%和 25.17%。在不安全行为层次中，违规是导致事故发生的最主要的原因，然后是技能差错（23.64%）和决策差错（21.82%）。

### 8.1.2 重大瓦斯事故的卡方检验与让步比分析

$\chi^2$（卡方）检验是 K. Pearson 于 1990 年提出的一种用途广泛的计数资料假设检验方法，可用于分析分类变量的关联性[108]。目前，该方法在社会学、管理学中得到广泛应用。因此，本节先利用卡方检验来分析 HFACS 上下层次人因因素之间是否存在显著的因果关系，其具体步骤如下。

（1）提出假设。

假设 $H_0$：HFACS 上下层次间事故原因没有显著的因果关系；

假设 $H_1$：HFACS 上下层次间事故原因有显著的因果关系。

（2）根据 $\chi^2$ 分布、$\chi^2$ 统计量以及自由度和概率 $P$ 值，计算出 $\chi^2$ 值。当 $P$ 值较小（小于 0.05）时，拒绝假设 $H_0$，接受 $H_1$，即上下水平间的因果关系显著；当 $P$ 值较大时，接受假设 $H_0$，拒绝 $H_1$，也即上下水平之间的因果关系不显著。

进一步，利用让步比（odds ratio，OR）分析 HFACS 框架上层水平人因因素的失信能否使下层水平人因发生的概率值增大。让步比又称优势比、交叉乘积比，是分析某一因素（如管理过程漏洞）的出现与否和另一因素（如监督不充分）的出现与否的关联性大小的特征值。在此，用其来反映 HFACS 框架上层人因因素能否使下层人因因素发生的概率增大。当 OR 值大于 1 时，表示上层人因因素能使下层人因因素发生的可能性增大；当 OR 值小于 1 时，表示上层人因因素不能引发下层人因因素的问题。

将 100 起瓦斯事故的卡方检验和让步比分析进行统计，$P$ 值小于 0.05，OR 值大于 1 的结果统计见表 8-3。

**表8-3　HFACS不同水平间相互联系的卡方检验（$P < 0.05$）和OR值**

| HFACS 层次 | | $\chi^2$ 检验 | | OR | 95%置信区间 | |
| --- | --- | --- | --- | --- | --- | --- |
| | | $\chi^2$ 值 | $P$ 值 | | 上限 | 下限 |
| 水平 1 与水平 2 之间的因果联系 | 管理过程漏洞×监督不充分 | 7.119 | 0.008 | 3.625 | 9.348 | 1.406 |
| | 管理过程漏洞×没有及时发现并纠正问题 | 7.709 | 0.008 | 1.266 | 1.709 | 0.099 |
| | 管理过程漏洞×违规监督 | 4.806 | 0.032 | 12.770 | 7.034 | 1.094 |
| | 管理文化缺失×运行计划不恰当 | 17.693 | 0.000 | 8.437 | 23.757 | 2.997 |
| | 管理文化缺失×没有及时发现并纠正问题 | 4.672 | 0.037 | 2.891 | 7.823 | 1.068 |
| | 资源管理不到位×没有及时发现并纠正问题 | 4.898 | 0.029 | 2.455 | 5.494 | 1.097 |
| 水平 2 和水平 3 之间的因果联系 | 监督不充分×资源管理 | 4.473 | 0.042 | 2.729 | 7.200 | 1.035 |
| | 监督不充分×个人的准备状态 | 5.753 | 0.041 | 4.933 | 22.766 | 1.069 |
| | 监督不充分×精神状态差 | 6.367 | 0.012 | 3.138 | 7.689 | 1.281 |
| | 运行计划不恰当×技术环境 | 5.752 | 0.021 | 3.023 | 7.726 | 1.183 |
| | 没有及时发现并纠正问题×技术环境 | 5.856 | 0.017 | 2.681 | 6.032 | 1.191 |
| | 违规监督×资源管理 | 7.897 | 0.006 | 3.267 | 7.635 | 1.398 |

续表

| HFACS 层次 | | $\chi^2$ 检验 | | OR | 95%置信区间 | |
| :---: | :---: | :---: | :---: | :---: | :---: | :---: |
| | | $\chi^2$ 值 | $P$ 值 | | 上限 | 下限 |
| 水平 3 和水平 4 之间的因果联系 | 个人的准备状态×技能差错 | 7.343 | 0.006 | 4.221 | 11.857 | 1.503 |
| | 精神状态差×技能差错 | 6.347 | 0.022 | 3.907 | 12.501 | 1.221 |
| | 精神状态差×违规 | 4.693 | 0.032 | 2.496 | 5.761 | 1.081 |
| | 技术环境×决策差错 | 14.434 | 0.001 | 7.219 | 23.036 | 2.262 |

在满足 $P$ 值小于 0.05 和 OR 值大于 1 的条件下，根据表 8-3 将各个水平因素间的关系用图 8-1 表示。

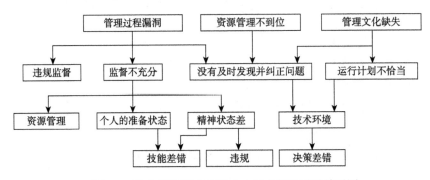

图 8-1　重大煤矿安全事故中人因之间的因果关系图

通过图 8-1 可以看出，重大煤矿瓦斯事故的某些因素之间呈现出明显的影响和被影响的层次关系。例如，管理过程漏洞会引起监督不充分、没有及时发现并纠正问题及违规监督；管理文化的缺失会引起运行计划不恰当、没有及时发现并纠正问题；资源管理不到位会引起没有及时发现并纠正问题。同时，监督不充分会引起资源管理、个人的准备状态差、精神状态差；运行计划不恰当和没有及时发现并纠正问题会导致技术环境问题；违规监督会导致资源管理差。个人的准备状态差和精神状态差导了技能差错的不安全行为；精神状态差还会导致违规的发生；技术环境的不足使操作者容易出现决策的差错。结合表 8-2，可以发现管理过程漏洞是产生重大煤矿安全事故最重要的原因，如 2004 年黑龙江省鸡西市煤业集团穆棱公司百兴煤矿"2·23"特大瓦斯爆炸事故产生的重要原因是该矿井没有按规定配齐瓦斯检查员，并且瓦斯检查员经常上连班，致使当班瓦斯检查员脱岗睡觉没有及时连接风筒，同时该矿还存在瓦斯检查员无证上岗且不按规定检查瓦斯的情况。此外，鸡西市煤业集团及所属穆棱公司未认真履行职责，工作严重失职。这都属于管理过程漏洞的原因。然后才是管理文化缺失的原因。另外，通过表 8-3 可以发现，在重大煤矿安全事故的调查分析中，事故原因的分析主要集中在管理组织缺失和不安全的监督两个较深的层次上，水平 1 和水平 2 之间以及水平 2 和水平 3 之间因果的关系挖掘较充分。

## 8.2　基于 HFACS 的山西某矿业集团煤矿安全事故原因分析

### 8.2.1　基于 HFACS 的煤矿安全事故原因频率统计

进一步，利用从山西某矿务局获取的 2000~2012 年的 164 起煤矿安全事故分析报告为样本，本节利用 HFACS 分析框架，对该集团的煤矿安全事故人为因素进行分析和分类，从人因角度分析产生煤矿安全事故的原因，事故原因的统计结果如表 8-4 所示。

表8-4　HFACS框架下煤矿安全事故原因的频数和所占百分比统计

| HFACS 框架 | 频数 | 百分比/% | HFACS 框架 | 频数 | 百分比/% |
|---|---|---|---|---|---|
| 水平 1：管理组织缺失 | | | 水平 3：不安全行为的前提条件 | | |
| 管理过程漏洞 | 23 | 14.74 | 精神状态 | 52 | 16.51 |
| 管理文化缺失 | 88 | 56.41 | 生理状态 | 6 | 1.90 |
| 资源管理不到位 | 45 | 28.85 | 身体/智力局限 | 4 | 1.27 |
| 水平 2：不安全的监督 | | | 物理环境 | 38 | 12.06 |
| 监督不充分 | 65 | 21.59 | 技术环境 | 72 | 22.86 |
| 运行计划不恰当 | 120 | 39.87 | 水平 4：不安全行为 | | |
| 没有及时发现并纠正问题 | 95 | 31.56 | 技能差错 | 129 | 40.82 |
| 违规监督 | 21 | 6.98 | 决策差错 | 83 | 26.27 |
| 水平 3：不安全行为的前提条件 | | | 知觉差错 | 12 | 3.80 |
| 人员资源管理 | 125 | 39.68 | 违规 | 92 | 29.11 |
| 个人的准备状态 | 18 | 5.71 | | | |

注：表中数据进行过舍入修约

从表 8-4 可以看出，在 2000~2012 年的该矿业集团煤矿安全事故中，管理组织的缺失层次中，56.41%的事故发生与管理文化缺失有关，因此管理文化缺失是该矿业集团煤矿安全事故中管理组织最容易出现的问题；管理过程漏洞占到 14.74%，资源管理不到位占 28.85%。在不安全的监督层次中，运行计划不恰当是该层最容易出现的问题（39.87%），然后是没有及时发现并纠正问题（31.56%）和监督不充分（21.59%），违规监督占的比例最小（6.98%）。在不安全行为的前提条件中人员资源管理所占的比例最高（39.68%），然后是技术环境（22.86%）。在不安全行为层次中，技能差错是最主要的原因，占到40.82%；然后是违规（29.11%）和决策差错（26.27%）。

### 8.2.2 山西某矿业集团煤矿安全事故原因的卡方检验与让步比分析

利用卡方检验来分析该矿业集团煤矿安全事故原因上下层次是否有因果关系以及因果关系是否显著（表8-5）。

**表8-5 HFACS 不同水平间相互联系的卡方检验（$P<0.05$）和OR值**

| HFACS 层次 | | $\chi^2$ 检验 | | OR | 95%置信区间 | |
| --- | --- | --- | --- | --- | --- | --- |
| | | $\chi^2$ 值 | $P$ 值 | | 上限 | 下限 |
| 水平 1 与水平 2 之间的因果联系 | 管理文化缺失×运行计划不恰当 | 5.928 | 0.016 | 3.020 | 1.224 | 7.449 |
| | 管理文化缺失×违规监督 | 3.982 | 0.035 | 3.176 | 1.087 | 9.286 |
| 水平 2 与水平 3 之间的因果联系 | 监督不充分×人员资源管理 | 4.805 | 0.036 | 2.315 | 1.057 | 5.070 |
| | 运行计划不恰当×人员资源管理 | 17.935 | 0.000 | 4.267 | 2.146 | 8.482 |
| | 运行计划不恰当×个人的准备状态 | 23.056 | 0.000 | 17.306 | 3.829 | 78.220 |
| | 运行计划不恰当×精神状态 | 7.946 | 0.008 | 2.907 | 1.329 | 6.359 |
| | 没有及时发现并纠正问题×物理环境 | 9.469 | 0.004 | 3.369 | 1.483 | 7.652 |
| | 没有及时发现并纠正问题×技术环境 | 4.045 | 0.046 | 1.878 | 1.011 | 3.488 |
| 水平 3 与水平 4 之间的因果联系 | 人员资源管理×技能差错 | 4.048 | 0.046 | 1.959 | 1.012 | 3.792 |
| | 人员资源管理×决策差错 | 8.408 | 0.008 | 3.510 | 1.380 | 8.926 |
| | 人员资源管理×知觉差错 | 11.165 | 0.002 | 8.233 | 2.129 | 31.835 |
| | 人员资源管理×违规 | 12.208 | 0.001 | 3.368 | 1.656 | 6.849 |
| | 个人的准备状态×违规 | 16.691 | 0.005 | 18.133 | 2.355 | 139.629 |
| | 精神状态×技能差错 | 13.864 | 0.000 | 3.835 | 1.820 | 8.078 |
| | 精神状态×决策差错 | 66.500 | 0.000 | 27.107 | 11.031 | 66.612 |
| | 精神状态×违规 | 36.531 | 0.000 | 9.988 | 4.280 | 23.308 |

从表 8-5 可知，满足 $P$ 值小于 0.05，OR 值大于 1 的条件下，各个水平之间的因果关系图可以用图 8-2 表示。

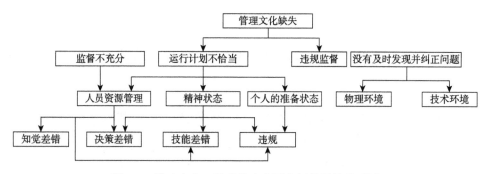

图 8-2　煤矿安全一般事故中人因之间的因果关系图

通过图 8-2 可以看出，煤矿安全一般事故中，管理文化的缺失对运行计划不恰当和违规监督具有显著的因果关系；运行计划不恰当会导致人员资源管理、精神状态以及个人的准备状态出现问题，从而导致操作工人知觉差错、决策差错、技能差错以及违规的发生。因此，管理文化缺失是煤矿安全一般事故产生的根本原因。此外，在煤矿安全一般事故的调查分析过程中，事故原因的分析主要集中在不安全行为的前提条件和不安全的行为两个层次上。

通过前述研究的比较分析，可以发现煤矿特大重大安全事故和企业内部安全一般事故存在如下特点。

（1）管理文化的缺失是一般安全事故中最常见的根本原因；但是在重大的安全事故中，管理过程漏洞常常是导致其发生的根本原因，然后才是管理文化缺失。

（2）煤矿重大安全事故和煤矿一般安全事故产生的原因不同，操作者的精神状态差造成的违规是重大煤矿安全事故产生的主要直接原因，如严重违章作业、安全技术措施未执行等；人员的资源管理和操作者的精神状态造成的技能差错是煤矿安全一般事故产生的主要直接原因，如操作程序遗漏、操作不规范等原因。

（3）煤矿安全一般事故的分析主要集中在不安全行为的前提条件和不安全行为两个层次上，重大安全事故的分析主要集中在管理组织缺失和不安全的监督两个层次上。产生该现象的原因主要是重大安全事故原因的调查和分析是由国家煤矿安全监察局的专家完成，因此其分析主要集中在企业管理和组织过程中出现的漏洞上。煤矿一般安全事故原因的调查分析常常是由地方或企业的安全部门完成，出于利益或回避的关系，其分析很少涉及企业的组织和管理问题。这也是国内煤矿安全事故调查分析中常出现的问题。因此，亟需建立煤矿安全事故分析报告的标准，以规范煤矿安全事故的调查分析。

# 8.3　煤矿安全事故人因的灰色关联性分析

目前，HFACS 在煤矿安全事故中的应用主要是在利用 HFACS 对煤矿安全事故产生原因进行分析和分类的基础上，一方面通过频率统计分析哪些因素是事故发生的主要原因；另一方面通过 $\chi^2$ 检验和让步比等传统统计方法分析人因因素之间影响的相关性和显著性。但是传统的统计分析方法需要的样本数据量大，并且可能出现量化结果与定性分析结果不符的现象，导致系统的关系和规律遭到歪曲和颠倒[109]。此外，由于事故人因的影响关系因素众多、过程复杂并且事故人因因素产生的机理尚未完全知晓[110]，所以事故人因是典型的灰色系统。

1982 年邓聚龙教授创立的灰色系统理论是以"部分信息已知，部分信息未知"的"小样本"不确定性系统为研究对象，通过对部分已知信息的生成、开发，提取有价值的信息，实现对系统运行行为、演化规律的正确描述和有效监控[109]。

本节将 HFACS 与灰色系统理论相结合，以从山西某矿业集团获取的 45 起煤矿安全事故报告为对象，在利用 HFACS 对事故调查报告分析的基础上，利用灰色关联性分析弥补传统统计方法在煤矿安全事故人因分析中的缺点，挖掘煤矿安全事故人因之间的相互关联关系。

## 8.3.1　灰色关联分析的原理

灰色关联是指事物之间的不确定关联或系统因子之间、因子对主行为之间的不确定关联，能够通过灰色关联度计算找出影响目标值的主要因素，克服了传统数理统计方法样本需要量大、计算量大的不足，是目前较常使用的系统分析方法。灰色关联分析方法的步骤主要包含以下内容。

（1）确定参考序列，记作 $X_0(k), k = 1, 2, \cdots, m$；

（2）确定比较序列，记作 $X_i(k), i = 1, 2, \cdots, n$；

（3）求比较序列与参考序列之间的关联系数 $\xi_i(k)$：

$$\xi_i(k) = \frac{\min\limits_{i}\min\limits_{k}\left|X_0(k) - X_i(k)\right| + \rho\max\limits_{i}\max\limits_{k}\left|X_0(k) - X_i(k)\right|}{\left|X_0(k) - X_i(k)\right| + \rho\max\limits_{i}\max\limits_{k}\left|X_0(k) - X_i(k)\right|} \qquad （8\text{-}1）$$

其中，$\rho$ 是分辨系数，并且 $\rho \in (0,1)$，一般取 $\rho = 0.5$；

（4）求关联度 $\gamma_i$，$\gamma_i = \dfrac{1}{n}\sum\limits_{k=1}^{n}\xi_i(k)$，其中，$\gamma_i$ 表示序列 $X_i$ 与参考序列 $X_0$ 之

间的关联度，$\gamma_i$ 越大，则 $X_i$ 与 $X_0$ 关系越密切；进一步，按照关联度进行排序，由此分析影响主行为的因子。

### 8.3.2　煤矿安全事故人因的灰色关联分析

事故的发生具有一定的偶然性，同时造成事故的人因因素具有潜在性和不可逆转的特性，这使人因间的相互影响关系很难分析。但是由于人因因素的重复性，大量事故的统计结果常常呈现出明显的规律性。因此，本节将基于 HFACS 理论建立煤矿安全事故人因的指标体系，进而利用灰色系统理论分析人因之间的相互影响关系，挖掘事故人因之间的内在规律。

1. 煤矿安全事故人因指标分析

根据 HFACS 模型，造成事故的人因因素自上而下可以分为组织因素、不安全行为的监督、不安全行为的前提条件以及不安全行为四个层次，基本包含了事故涉及的所有人因因素。因此，本节基于 HFACS 形成煤矿安全事故人因灰色关联分析的指标体系。

通过实地调研，以从山西某矿业集团获取的煤矿 2007~2012 年的 45 起煤矿安全事故分析报告为样本，利用 HFACS 对 45 起煤矿安全事故进行人因分析，并对分析结果进行汇总，煤矿安全事故人因指标体系和 HFACS 分析结果汇总见表 8-6。

表8-6　2007~2012年某矿业集团煤矿事故人因分析结果

| 人因分析指标 | | 2007 年 | 2008 年* | 2009 年* | 2010 年 | 2011 年 | 2012 年 |
|---|---|---|---|---|---|---|---|
| 水平 1：管理组织缺失 | $X_1$ | 15 | 2 | 2 | 15 | 25 | 12 |
| 管理过程漏洞 | $X_{11}$ | 5 | 1 | 1 | 8 | 12 | 6 |
| 管理文化缺失 | $X_{12}$ | 5 | 0 | 0 | 2 | 6 | 2 |
| 资源管理不到位 | $X_{13}$ | 5 | 1 | 1 | 5 | 7 | 4 |
| 水平 2：不安全的监督 | $X_2$ | 26 | 5 | 2 | 16 | 31 | 10 |
| 监督不充分 | $X_{21}$ | 9 | 1 | 1 | 7 | 11 | 3 |
| 运行计划不恰当 | $X_{22}$ | 4 | 1 | 1 | 2 | 5 | 2 |
| 没有及时发现并纠正问题 | $X_{23}$ | 7 | 2 | 0 | 2 | 8 | 4 |
| 违规监督 | $X_{24}$ | 6 | 1 | 0 | 5 | 7 | 1 |
| 水平 3：不安全行为的前提条件 | $X_3$ | 29 | 6 | 5 | 21 | 33 | 10 |
| 人员资源管理 | $X_{31}$ | 6 | 0 | 0 | 2 | 9 | 0 |
| 个人的准备状态 | $X_{32}$ | 4 | 0 | 1 | 2 | 2 | 0 |
| 精神状态 | $X_{33}$ | 8 | 2 | 1 | 8 | 8 | 4 |
| 生理状态 | $X_{34}$ | 0 | 0 | 0 | 1 | 0 | 0 |
| 身体/智力局限 | $X_{35}$ | 0 | 1 | 0 | 0 | 0 | 0 |

续表

| 人因分析指标 | | 2007 年 | 2008 年* | 2009 年* | 2010 年 | 2011 年 | 2012 年 |
|---|---|---|---|---|---|---|---|
| 水平 3：不安全行为的前提条件 | $X_3$ | 29 | 6 | 5 | 21 | 33 | 10 |
| 物理环境 | $X_{36}$ | 3 | 2 | 1 | 3 | 5 | 1 |
| 技术环境 | $X_{37}$ | 8 | 1 | 2 | 5 | 9 | 5 |
| 水平 4：不安全行为 | $X_4$ | 12 | 3 | 3 | 10 | 13 | 7 |
| 技能差错 | $X_{41}$ | 2 | 1 | 1 | 1 | 5 | 1 |
| 决策差错 | $X_{42}$ | 5 | 1 | 0 | 3 | 3 | 2 |
| 知觉差错 | $X_{43}$ | 0 | 0 | 1 | 0 | 1 | 1 |
| 违规 | $X_{44}$ | 5 | 0 | 1 | 6 | 4 | 3 |
| 合计 | $X_0$ | 82 | 15 | 12 | 62 | 102 | 39 |

*由于该矿业集团实施办公自动化，2008~2009 年事故报告有所缺失

2. 煤矿安全事故人因因素与一级指标间的关联分析

以煤矿安全事故中人因总数 $X_0$ 为参考数列，管理组织缺失 $X_1$、不安全的监督 $X_2$、不安全行为的前提条件 $X_3$ 和不安全行为 $X_4$ 为比较数列，利用初值法对各序列进行无量纲化处理，结果如下：

$$X_0' = X_0/X_0(5) = (0.803\,9, 0.147\,1, 0.117\,6, 0.607\,8, 1.000\,0, 0.382\,4)$$
$$X_1' = X_1/X_1(5) = (0.600\,0, 0.080\,0, 0.080\,0, 0.600\,0, 1.000\,0, 0.480\,0)$$
$$X_2' = X_2/X_2(5) = (0.838\,7, 0.161\,3, 0.064\,5, 0.516\,1, 1.000\,0, 0.322\,6)$$
$$X_3' = X_3/X_3(5) = (0.852\,9, 0.176\,5, 0.147\,1, 0.617\,6, 1.000\,0, 0.294\,1)$$
$$X_4' = X_4/X_4(5) = (0.923\,1, 0.153\,8, 0.230\,8, 0.769\,2, 1.000\,0, 0.538\,5)$$

进一步，计算比较序列与参考序列对应元素的绝对差，结果见表 8-7。

**表8-7　比较序列与参考序列对应元素的绝对差**

| 年份 | 2007 | 2008 | 2009 | 2010 | 2011 | 2012 |
|---|---|---|---|---|---|---|
| $\Delta_1$ | 0.203 922 | 0.067 059 | 0.037 647 | 0.007 843 | 0 | 0.097 647 |
| $\Delta_2$ | 0.034 788 | 0.014 231 | 0.053 131 | 0.091 714 | 0 | 0.059 772 |
| $\Delta_3$ | 0.049 020 | 0.029 412 | 0.029 412 | 0.009 804 | 0 | 0.088 235 |
| $\Delta_4$ | 0.119 155 | 0.006 787 | 0.113 122 | 0.161 388 | 0 | 0.156 109 |

因此，$\min\limits_i \min\limits_k \left| X_0(k) - X_i(k) \right| = 0$，$\max\limits_i \max\limits_k \left| X_0(k) - X_i(k) \right| = 0.203\,922$。取 $\rho = 0.5$，根据关联系数公式［式（8-1）］分别计算每个比较序列与参考序列对应元素的关联系数，结果如下：

$$\xi_1 = (0.333\,3, 0.603\,2, 0.730\,3, 0.928\,6, 1.000\,0, 0.510\,8)$$

$$\xi_2 = (0.7456,\ 0.8775,\ 0.6574,\ 0.5265,\ 1.0000,\ 0.6304)$$

$$\xi_3 = (0.6753,\ 0.7761,\ 0.7761,\ 0.9123,\ 1.0000,\ 0.5361)$$

$$\xi_4 = (0.4611,\ 0.9376,\ 0.4741,\ 0.3872,\ 1.0000,\ 0.3951)$$

因此，管理组织缺失、不安全的监督、不安全行为的前提条件和不安全行为与煤矿安全事故人因总数的关联度分别为 $r_1 = 0.6844$，$r_2 = 0.7396$，$r_3 = 0.7793$，$r_4 = 0.6029$，关联顺序为 $r_3 > r_2 > r_1 > r_4$。通过上述分析可以看出，不安全行为的前提条件是该企业煤矿安全事故中最常出现的，其次是不安全的监督。这主要是由于我国煤矿安全事故的调查以责任认定为主，因此事故原因的分析主要集中在事故发生的前提条件和领导责任方面，在事故报告中常常出现安全培训不到位、隐患排查不到位、精力不集中等，因此煤矿安全事故的四个层次的人因失误与人因失误总数呈现出两端弱，中间强的现象。

3. 煤矿安全事故人因一级指标与二级指标间的关联分析

以管理组织缺失（$X_1$ 序列）为参考序列，以管理组织缺失的三个子指标 $(X_{11}, X_{12}, X_{13})$ 为比较序列，与前面分析相类似，可以求得：管理过程漏洞、管理文化缺失、资源管理不到位与管理组织缺失之间的灰色关联度分别为 $r(X_1, X_{11}) = 0.8181$，$r(X_1, X_{12}) = 0.5705$，$r(X_1, X_{13}) = 0.6716$。

监督不充分、运行计划不恰当、没有及时发现并纠正问题、违规监督与不安全的监督之间的灰色关联度为 $r(X_2, X_{21}) = 0.7679$，$r(X_2, X_{22}) = 0.7018$，$r(X_2, X_{23}) = 0.6368$，$r(X_2, X_{24}) = 0.7095$。

人员资源管理、个人的准备状态、精神状态、生理状态、身体/智力局限、物理环境、技术环境与不安全行为的前提条件之间的灰色关联度为 $r(X_3, X_{31}) = 0.7381$，$r(X_3, X_{32}) = 0.7134$，$r(X_3, X_{33}) = 0.8129$，$r(X_3, X_{34}) = 0.5685$，$r(X_3, X_{35}) = 0.6957$，$r(X_3, X_{36}) = 0.8445$，$r(X_3, X_{37}) = 0.8721$。

技能差错、决策差错、知觉差错、违规与不安全行为之间的灰色关联度为 $r(X_4, X_{41}) = 0.7233$，$r(X_4, X_{42}) = 0.7449$，$r(X_4, X_{43}) = 0.5556$，$r(X_4, X_{44}) = 0.7726$。

通过上述分析，可获得如下结论。

（1）在水平 1 的管理组织缺失中，管理过程漏洞是最主要的因素，然后是资源管理不到位，最后才是管理文化缺失；

（2）水平 2 的不安全的监督中，监督不充分是最常出现的问题；

（3）水平 3 的不安全行为的前提条件中，最主要的是技术环境，然后是物理环境；

（4）水平 4 的不安全行为中，最主要的是违规，然后是决策差错、技能差错。

上述现象可能是由以下两个方面的原因造成的：首先，管理过程漏洞、监督不充分、技术环境和违规可能是煤矿安全事故四个层次中最容易出现的人因因素，因此这四个二级指标与人因一级指标具有较强的关联度。其次，可能由于现有的煤矿安全事故调查的缺陷，导致上述四个二级指标在事故调查过程中较易调查，其余人因因素较难发现。例如，管理组织缺失层次中，管理过程漏洞如应急预案不完善、安全监视不到位、安全计划管理漏洞是事故调查过程中较容易调查的原因，但是管理文化缺失如不良的组织习惯和企业价值观是隐形因素，事故调查过程中较难发现；不安全行为的前提条件中，技术环境如设备检修不到位、设备控制不合理、没有安装防护装备较易调查，但是生病、服用药物、身体疲劳、精神疲劳、视觉局限等因素就很难调查，因此会出现上述现象。

4. 煤矿安全事故层次之间的灰色关联分析

HFACS 分析框架自上而下包含管理组织缺失、不安全的监督、不安全行为的前提条件和不安全行为四个层次，并且上层因素与下层因素之间具有很强的影响和被影响关系。因此，基于 HFACS 理论，利用灰色关联分析，能够分析上层因素与下层因素之间的影响程度。具体结果见表 8-8~表 8-10。

**表8-8　管理组织缺失与不安全的监督的灰色关联度**

| 条件 | $X_{21}$ | $X_{22}$ | $X_{23}$ | $X_{24}$ |
|---|---|---|---|---|
| $X_{11}$ | $r(X_{11},X_{21})=0.7808$ | $r(X_{11},X_{22})=0.6430$ | $r(X_{11},X_{23})=0.6667$ | $r(X_{11},X_{24})=0.6814$ |
| $X_{12}$ | $r(X_{12},X_{21})=0.7375$ | $r(X_{12},X_{22})=0.7180$ | $r(X_{12},X_{23})=0.7470$ | $r(X_{12},X_{24})=0.7156$ |
| $X_{13}$ | $r(X_{13},X_{21})=0.7519$ | $r(X_{13},X_{22})=0.7226$ | $r(X_{13},X_{23})=0.6654$ | $r(X_{13},X_{24})=0.7649$ |

**表8-9　不安全的监督与不安全行为的前提条件的灰色关联度**

| 条件 | $X_{21}$ | $X_{22}$ | $X_{23}$ | $X_{24}$ |
|---|---|---|---|---|
| $X_{31}$ | $r(X_{21},X_{31})=0.776$ | $r(X_{22},X_{31})=0.752$ | $r(X_{23},X_{31})=0.803$ | $r(X_{24},X_{31})=0.797$ |
| $X_{32}$ | $r(X_{21},X_{32})=0.712$ | $r(X_{22},X_{32})=0.704$ | $r(X_{23},X_{32})=0.633$ | $r(X_{24},X_{32})=0.700$ |
| $X_{33}$ | $r(X_{21},X_{33})=0.782$ | $r(X_{22},X_{33})=0.797$ | $r(X_{23},X_{33})=0.833$ | $r(X_{24},X_{33})=0.770$ |
| $X_{34}$ | $r(X_{21},X_{34})=0.605$ | $r(X_{22},X_{34})=0.526$ | $r(X_{23},X_{34})=0.544$ | $r(X_{24},X_{34})=0.649$ |
| $X_{35}$ | $r(X_{21},X_{35})=0.500$ | $r(X_{22},X_{35})=0.488$ | $r(X_{23},X_{35})=0.544$ | $r(X_{24},X_{35})=0.543$ |
| $X_{36}$ | $r(X_{21},X_{36})=0.823$ | $r(X_{22},X_{36})=0.810$ | $r(X_{23},X_{36})=0.724$ | $r(X_{24},X_{36})=0.791$ |
| $X_{37}$ | $r(X_{21},X_{37})=0.855$ | $r(X_{22},X_{37})=0.863$ | $r(X_{23},X_{37})=0.828$ | $r(X_{24},X_{37})=0.813$ |

**表8-10　不安全行为的前提条件与不安全行为间的灰色关联度**

| 条件 | $X_{41}$ | $X_{42}$ | $X_{43}$ | $X_{44}$ |
|------|----------|----------|----------|----------|
| $X_{31}$ | $r(X_{31},X_{41})=0.792$ | $r(X_{31},X_{42})=0.666$ | $r(X_{31},X_{43})=0.631$ | $r(X_{31},X_{44})=0.665$ |
| $X_{32}$ | $r(X_{32},X_{41})=0.653$ | $r(X_{32},X_{42})=0.767$ | $r(X_{32},X_{43})=0.511$ | $r(X_{32},X_{44})=0.726$ |
| $X_{33}$ | $r(X_{33},X_{41})=0.707$ | $r(X_{33},X_{42})=0.776$ | $r(X_{33},X_{43})=0.533$ | $r(X_{33},X_{44})=0.823$ |
| $X_{34}$ | $r(X_{34},X_{41})=0.569$ | $r(X_{34},X_{42})=0.602$ | $r(X_{34},X_{43})=0.556$ | $r(X_{34},X_{44})=0.676$ |
| $X_{35}$ | $r(X_{35},X_{41})=0.569$ | $r(X_{35},X_{42})=0.530$ | $r(X_{35},X_{43})=0.556$ | $r(X_{35},X_{44})=0.453$ |
| $X_{36}$ | $r(X_{36},X_{41})=0.806$ | $r(X_{36},X_{42})=0.667$ | $r(X_{36},X_{43})=0.494$ | $r(X_{36},X_{44})=0.612$ |
| $X_{37}$ | $r(X_{37},X_{41})=0.729$ | $r(X_{37},X_{42})=0.746$ | $r(X_{37},X_{43})=0.574$ | $r(X_{37},X_{44})=0.756$ |

从表 8-8 中可以看出，管理文化缺失（$X_{12}$）是影响不安全的监督四个二级指标的重要因素，平均关联度达到 0.729 5；然后是资源管理不到位（$X_{13}$），管理过程漏洞（$X_{11}$）主要影响的是监督不充分（$X_{21}$）。进一步，可以看出不安全的监督中的监督不充分（$X_{21}$）最容易受上层因素的影响，与管理组织缺失中的三个二级指标的平均关联度达到 0.756 7，然后是违规监督（$X_{24}$）。

根据表 8-9 可以看出，不安全行为的前提条件中的生理状态（$X_{34}$）、身体/智力局限（$X_{35}$）与不安全的监督中的四个二级指标之间的关联度较小，这可能是由于生理状态、身体/智力局限较难调查，因此在事故调查报告中很少体现上述两个因素。若将生理状态（$X_{34}$）、身体/智力局限（$X_{35}$）排除，可以看出不安全的监督四个二级指标对不安全行为的前提条件中的其余 5 个二级指标的关联性较大，因此不安全的监督与不安全行为的前提条件之间的影响和被影响关系较密切。

根据表 8-10 可以看出，不安全行为中的技能差错（$X_{41}$）较易受不安全行为的前提条件 5 个二级指标［将生理状态（$X_{34}$）、身体/智力局限（$X_{35}$）排除］的影响，然后是违规（$X_{44}$）和决策差错（$X_{42}$）。总体来讲，操作者的精神状态（$X_{33}$）如安全意识不强、精神疲劳、缺失警觉意识、注意力不集中是影响不安全行为最重要的因素。

# 8.4　比　较　分　析

上述研究利用统计和灰色关联理论，研究了山西某矿业集团矿务局煤矿安全事故人因因素之间的相互关系，发现利用卡方检验与让步比分析得出的结论与利用灰色关联性得出的结论具有较强的一致性，但是也存在一定的差异，主要表现在以下几个方面。

（1）8.2.2 节研究表明，管理文化的缺失对运行计划不恰当和违规监督具有显著的影响关系。但在利用灰色关联理论的研究中发现管理文化缺失与不安全的监督四个二级指标的关联度都较大，因此管理文化缺失不但对运行计划不恰当和违规监督有显著的影响，而且对监督不充分和没有及时发现并纠正问题的影响也是显著的。管理文化的缺失是指组织工作氛围不良，主要包含不良的组织习惯和企业价值观、监督者的亲和力不强、招募和解雇员工的态度不好等因素，是企业管理精神的主要组成部分，影响煤矿企业生产运作的每个方面。因此，管理文化缺失对不安全的监督四个二级指标的影响较强的结论是合理的。

（2）8.2.2 节研究表明，运行计划不恰当会导致员工资源管理、精神状态及个人准备状态出现问题；但是在利用灰色关联理论的研究表明，员工资源管理和精神状态受不安全的监督四个二级指标的影响都较大，平均关联度达到 0.789；物理环境和技术环境受不安全的监督四个二级指标的影响也较大。

（3）8.2.2 节研究表明，员工资源管理和精神状态是影响技能差错和决策差错的主要原因；知觉差错主要受员工资源管理的影响；员工资源管理、精神状态及个人的准备状态是导致操作工人违规的主要因素。但是，利用灰色关联理论的研究发现技能差错较易受人员资源管理、精神状态、个人的准备状态、物理环境和技术环境的影响；另外，决策差错主要受个人的准备状态、精神状态、物理环境和技术环境的影响；知觉差错与不安全行为的前提条件中的二级指标关系不明确；违规主要受个人的准备状态、精神状态和技术环境的影响。

因此，利用灰色关联法得到的结论更全面。例如，员工的技能差错是指员工由于注意力不集中、记忆失能及技术素质较差等产生的差错，因此员工的技能差错易受员工的安全培训不到位、安全意识不强、精神疲劳、矿井内的地温和能见度以及设备设计不合理等因素的影响；违规主要是员工违反规章制度、操作程序、执行没有指令的操作，因此主要受员工的安全培训、注意力、安全意识、警觉意识、设备的设计等因素的影响。

进一步，通过煤矿安全事故的灰色关联分析也发现现有的煤矿安全事故调查报告主要集中于事故责任的认定上，对于事故产生的某些原因调查较少，如操作人员的精神状态、生理状态涉及较少。因此，急需建立煤矿安全事故调查报告的标准，以规范煤矿安全事故的调查分析。

总体来讲，煤矿安全事故中的人因因素之间存在错综复杂的关系，常常存在如下现象：对甲因素来讲，乙因素与其关系最密切，但乙因素不一定与甲因素关系最密切。因此，利用卡方检验与让步比分析较难体现完整的事故人因之间的相互影响关系，而利用灰色关联分析能够较完整地分析事故人因之间的相互关系。

# 8.5　本　章　小　结

本章利用统计和灰色关联的方法分别对煤矿安全事故的人因因素之间的相互关系进行了研究，并将卡方检验与让步比分析得出的煤矿安全事故人因之间的影响关系与灰色关联分析得出的结论进行了对比，分析了二者之间的差异性。

# 第9章 煤矿安全事故人因的
干预矩阵研究

人因因素是煤矿安全事故最主要的致因因素。虽然，政府制定了完善的煤矿监管体制，建立了健全的管理机构，出台了多项涉及安全生产的国家级法律法规，企业也制定了大量的管理制度、操作规范，以减少作业人员不安全行为的发生，降低煤矿事故的发生率，但是效果还是不明显。

HFACS 作为一个通用的理论基础模型，有效地填补了人因理论和人因分析间的差距，是一个用于识别和分析复杂、高风险系统中人为错误的有效工具，目前已被广泛地运用于事故人因分析以及人因因素之间相互关系的研究中，但HFACS 仅是事故人因的分析工具。因此，如何评价制定出台的政策对不安全行为的抑制作用有待进一步分析。

因此，本章将在研究现有的 HFACS 框架基础上构建人因干预矩阵（human factor intervention matrix，HFIX），从人（human）、组织（organization）、环境（environment）、任务（mission）和技术（technology）方面评价政策对不安全行为的抑制作用。

## 9.1 人因干预矩阵（HFIX）概述

Wiegmann 和 Shappell 指出 HFACS 为了解错误发生的原因提供了一个清晰的方法，同时也为有效的干预方案开发奠定了基础，从而产生了人因干预矩阵（HFIX）的基本思想。实质上，HFACS 是将差错（errors）转化为信息（information），再将信息转化为知识（knowledge），而人因干预矩阵（HFIX）是在 HFACS 的基础上将上述的知识转化为解决方案（solution），再将解决方案转化为有效的安全管理（effective safety management），其构造思想如

图 9-1 所示。

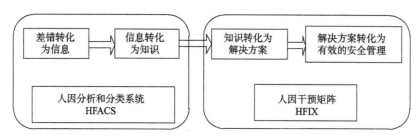

图 9-1　人因干预矩阵（HFIX）的思想

Wiegmann 和 Shappell 提出的人因干预矩阵（HFIX）是通过五个维度的干预方式对 HFACS 最底层不安全行为下的技能差错（skill-based errors）、决策差错（decision errors）、知觉差错（perceptual errors）以及违规（violations）进行干预，五个维度的干预方式分别有人、组织、环境、任务和技术。人因干预矩阵（HFIX）的结构模型如表 9-1 所示。

表9-1　人因干预矩阵（HFIX）结构模型

| 影响因素<br>不安全行为 | 人 | 组织 | 环境 | 任务 | 技术 |
|---|---|---|---|---|---|
| 技能差错（SE） | | | | | |
| 决策差错（DE） | | | | | |
| 认知差错（PE） | | | | | |
| 违规（V） | | | | | |

在构建出人因干预矩阵（HFIX）之后，Wiegmann 和 Shappell 同时也在思考干预措施是否可行？能否被接受？其成本是否能够接受？其效用有多大？能否一直持续下去？在上述问题的基础上，提出了人因干预矩阵魔方结构模型，如图 9-2 所示。

人因干预矩阵模型提出后受到国内外一些学者的关注。例如，霍志勤等在对航空事故中不安全行为分析的基础上，确定了组织管理、人/团队、技术、任务和环境五个人因因素干预维度，还指出针对不安全行为制定的相应初步改进措施，还需要从措施的可行性、可接受性、经济性和有效性四个方面进行综合评估和取舍[111]。

虽然 HFACS 的研究已经渐趋成熟，并且也提出了人因干预矩阵（HFIX）的概念和思想，但是针对人因干预矩阵（HFIX）的构造方法以及利用其评价安全技术和安全政策还未见文献报道。所以本章将针对煤矿，通过事故统计法和层次分析法构造人因干预矩阵（HFIX），并利用人因干预矩阵（HFIX）对煤矿安全

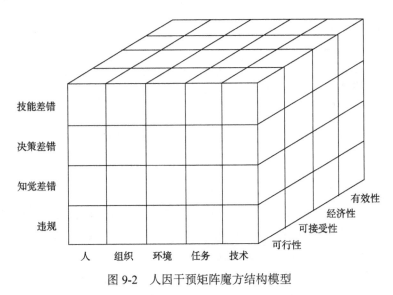

图 9-2   人因干预矩阵魔方结构模型

政策或安全技术对煤矿安全事故发生的抑制作用进行评价。

# 9.2    煤矿事故人因干预矩阵（HFIX）的构建

人因干预矩阵模型是以 HFACS 为基础，并通过人、组织、环境、任务和技术五个维度对四类不安全行为进行干预，最终达到抑制安全事故发生的目的。根据构建的煤矿安全事故人因分析和分类系统，煤矿作业人员的不安全行为分为技能差错、决策差错、知觉差错、违规四类，具体的内涵和表现形式参见第 2 章。本节将煤矿安全事故致因因素分为人、组织、环境、任务和技术五方面，并提出煤矿事故人因干预矩阵的构建方法。

## 9.2.1    不安全行为的主要影响因素

### 1. 人因因素

人发生失误是引起安全事故发生的主要原因。人因失误的原因主要分为外因和内因两个方面[112]。每个个体都不是独立存在于生产实践中的，而外部因素直接影响着操作者个体的情绪、心理和身体状况。外因主要包括环境因素、教育培训因素、管理因素、社会因素和技术因素。本节已将管理因素和教育培训因素归到组织因素内，环境因素和技术因素归为环境和技术方面。所以此处所指的人因因素不包括外因因素。

内因和人的基本素质是密不可分的，所以人因具体包括生理因素、心理因素、认知水平、个体素质和技能水平等方面。本节所指的人因因素主要指人的精神状态、生理状态、身体智力等方面的因素，即人误的内因。结合煤矿HFACS 框架，将人因因素分为人员因素和操作者状态两方面。其中人员因素主要关注部门之间人员的沟通是否顺畅和个人的准备状态是否良好；操作者状态主要关注操作者的精神状态、心理状态和身体智力等方面的因素，具体表现形式如表 2-1 所示。

2. 组织因素

组织是指由两个或两个以上的人组成的有特定目标和一定资源并保持某种权责结构的群体。根据前文描述，本节将 HFACS 模型中的管理组织缺失和不安全监督归属为不安全行为的组织影响因素。

管理组织缺失包括组织管理过程漏洞、管理文化缺失和资源管理不到位三个方面，主要关注管理组织的安全监视是否到位、安全技术措施编制是否严密及管理组织本身是否存在不良的组织生产习惯等。不安全的监督包括监督不充分、运行计划不恰当、没有及时发现并纠正问题、违规监督四个方面，主要关注企业是否提供适当的安全培训、是否制订相应的应急预案、是否过度强调生产等方面。其具体表现形式参见表 2-1。

3. 环境因素

环境是围绕着人类的外部世界，它是人赖以生存和发展的物质条件的综合体。环境为人类的社会生产和生活提供了广泛的空间、丰富的资源和必要的条件。在安全生产活动中如果出现人—机—环境不匹配时，就容易发生安全事故，所以环境也是影响安全事故的一个重要因素。在煤矿 HFACS 框架中，环境因素包括三大方面：自然环境、作业环境和技术环境。技术环境实质上指的就是技术方面的因素。所以本节环境因素主要考虑的是作业环境和自然环境。

作业环境直接影响着操作工人的身心健康和安全，通常包括噪声、照明、振动、有害气体等方面，是最直接的环境影响因素，这些特殊的作业环境不符合安全生产工作的要求，就会给生产活动带来极大的困难。自然环境主要关注地质构造和气象方面的因素是否对安全生产活动产生影响。作业环境和自然环境最大的区别在于作业环境因素是可控因素如作业人员工作场所的噪声大小等；而绝大部分的自然环境因素是不可控因素如雷击等，所以我们只能通过完善矿井自身的设备和技术等来进行相应的预防。具体表现形式如表 2-1 所示。

4. 任务因素

任务指交派的工作和担负的责任，任务本身的特征会直接影响到执行任务的结果。人因干预矩阵（HFIX）中任务因素主要考虑四大方面，包括任务的紧急性、复杂性、重复性和合理性，主要关注作业任务本身的性质、操作过程、工作的难度、复杂性、工作时长、时间限制以及任务的单调程度等，具体表现形式如表9-2所示。

**表9-2　任务影响因素**

| 影响因素 | 内容 | 具体表现形式 |
|---|---|---|
| 任务 | 紧急性 | 工作中需要经常应对突发性事件 |
| | 复杂性 | 1. 工作的难度较大<br>2. 工作中需要同时监测很多方面，需要同时执行很多项操作（导致作业过程干涉、混乱，引发事故） |
| | 重复性（单调性） | 周而复始重复同一工作，导致员工产生厌倦心理，感到疲倦 |
| | 合理性 | 1. 工作中任务分配不均衡<br>2. 工作时间较长，强度较大 |

### 5. 技术因素

综合运用各种先进的生产技术是做好煤矿安全生产的前提工作。煤矿的生产过程环节众多，并且非常复杂。在煤矿的开采过程中，要采用先进的开采技术、开采设备，并需要与开采的工艺流程相结合。在安全生产中，力求巷道布置合理简单，各个系统的设施和设备能力要技术可行，设计完善。

技术因素在煤矿 HFACS 中并没有明确体现。在分析煤矿安全事故报告的过程中发现，技术因素会直接导致人因不安全行为的发生，进而导致煤矿安全事故。例如，2007年3月19日龙羊煤矿"3·19"瓦斯窒息事故原因披露显示，该矿井在盲巷没有设置警示牌和瓦斯检查牌板，并且盲巷的栅栏设置不合格，加之作业人员素质低下，安全意识淡薄，在没有检查瓦斯的情况下违章打开栅栏进入盲巷后窒息死亡。从事故原因披露中可以看出，此事故是人因因素和技术因素共同作用的结果。技术因素主要是没有设置警示牌和瓦斯检查板等设备，此外盲巷栅栏设置不合格，进而导致安全意识淡薄的作业人员产生违章行为，引起安全事故。

所以在煤矿安全生产工作中，技术也是影响安全事故的一个重要因素，主要是由于技术方面的缺陷，进而导致人因的不安全行为，最终导致安全事故。

技术因素主要表现在设备资源管理、设备设计存在缺陷、设备质量问题、设备维护不到位四大方面，主要关注设备设施是否配备以及其本质安全化水平，防错、容错、纠错的能力等，具体表现形式如表9-3所示。

表9-3　技术影响因素

| 影响因素 | 内容 | 具体表现形式 |
|---|---|---|
| 技术 | 设备资源管理 | 1. 未配备相应设备设施、没有安装防护设备<br>2. 设施设备配备但没有投入使用<br>3. 未按要求进行设备配备 |
| | 设备设计存在缺陷 | 设备系统不完善、不便于操作 |
| | 设备质量问题 | 1. 本身安全化水平较低、可靠性和正确性（精度）较差<br>2. 经常出现故障，防错、容错、纠错能力较低 |
| | 设备维护不到位 | 1. 设备检修不到位（设备故障未得到检修）<br>2. 设备控制不合理 |

## 9.2.2　人因干预矩阵的构建方法

本节主要针对我国煤矿，运用事故统计法（accident statistics）构造人因干预矩阵，并给出利用人因干预矩阵对已有的安全政策与安全技术对安全事故发生的抑制作用进行评价的方法。

依据 HFACS 框架分析引发事故的不安全行为，即技能差错、决策差错、知觉差错、违规，五大影响因素的具体表现形式分析确定该项不安全行为的主要引发原因是什么（人、组织、环境、任务和技术），并进行 0 或 1 标记。

假设事故样本总数为 $N$，其中有 $M$ 起是由于作业人员的四种不安全行为引起的。不安全行为编号为 $i$（$i=1$，2，3，4），影响因素编号 $j$（$j=1$，2，3，4，5），其中第 $i$ 项不安全行为引发的事故数为 $M_i$，具体如表 9-4 所示。

表9-4　各项不安全行为引起事故数（一）

| 不安全行为<br>事故起数 | 技能差错<br>（SE） | 决策差错<br>（DE） | 知觉差错<br>（PE） | 违规<br>（V） |
|---|---|---|---|---|
| $M$ | $M_1$ | $M_2$ | $M_3$ | $M_4$ |
| 占总事故百分比 | $\dfrac{M_1}{M}$ | $\dfrac{M_2}{M}$ | $\dfrac{M_3}{M}$ | $\dfrac{M_4}{M}$ |

通过对事故原因进行深层次分析，可统计出各项不安全行为的具体引发原因。采用 0 或 1 标记法，假设第 $i$ 项不安全行为是由第 $j$ 项影响因素引起的，就给第 $j$ 项影响因素标记 1，否则标记 0。通过上述 0 或 1 标记，即可统计得出由于第 $j$ 项不安全行为引起的事故数 $M_i$ 中分别有 $M_{ij}$ 起是由第 $j$ 项影响因素引起的。因此，$\omega_{ij} = M_{ij}/M_i$ 可认为是第 $j$ 项影响因素对第 $i$ 种不安全行为的影响权重，该影响权重构成的矩阵即为人因干预矩阵 $\mathbf{HFIX}_\omega$：

$$HFIX_{\omega} = \begin{bmatrix} \omega_{11} & \omega_{12} & \omega_{13} & \omega_{14} & \omega_{15} \\ \omega_{21} & \omega_{22} & \omega_{23} & \omega_{24} & \omega_{25} \\ \omega_{31} & \omega_{32} & \omega_{33} & \omega_{34} & \omega_{35} \\ \omega_{41} & \omega_{42} & \omega_{43} & \omega_{44} & \omega_{45} \end{bmatrix}$$

# 9.3 基于人因干预矩阵的政策有效性评价

本节将把利用事故统计法构建的人因干预矩阵应用于政策的有效性评估中，分析政策对不安全行为的抑制作用。

## 9.3.1 煤矿安全事故的人因干预矩阵构建

近年来，我国煤矿重大瓦斯事故呈现出多发趋势，瓦斯事故一般都具有突发性强、危害性大的特点，同时也会造成巨大的经济损失和人员伤亡，带来不良的政治影响。从煤矿瓦斯事故中不难看出，未配备现代化安全技术设施、装备，未进行有效的安全管理等都是瓦斯事故频发的主要原因。所以要想减少煤矿瓦斯事故的发生，就需要对引起瓦斯事故的主要影响因素进行分析，构建瓦斯事故的人因干预矩阵，计算各项影响因素对不安全行为的影响度，分析引发瓦斯事故的主要因素，并从主要原因着手，减少安全事故的发生，进而降低经济损失和人员伤亡。

本节主要以 2005~2012 年的 64 起瓦斯事故（事故报告来源：国家安全生产监督管理总局、中国煤矿安全生产网、山西某矿业集团矿务局）为研究对象，统计得出由四项不安全行为引起的事故起数，如表 9-5 所示。

**表9-5 各项不安全行为引起事故数（二）**

| 不安全行为<br>事故起数 | 技能差错<br>（SE） | 决策差错<br>（DE） | 知觉差错<br>（PE） | 违规<br>（V） |
|---|---|---|---|---|
| $M$ | 31 | 22 | 3 | 39 |
| 占总事故百分比 | 49.21% | 34.92% | 4.76% | 61.90% |

通过对事故原因进行深层次分析得知，人、组织、环境、任务和技术五大影响因素对应引起的不安全行为事故起数 $M_{ij}$，如表 9-6 所示。

**表9-6 五大影响因素引起不安全行为事故起数**

| 影响因素<br>事故起数<br>不安全行为 | 人 | 组织 | 环境 | 任务 | 技术 |
|---|---|---|---|---|---|
| 技能差错（SE） | 25 | 29 | 3 | 1 | 5 |
| 决策差错（DE） | 18 | 17 | 7 | 3 | 5 |
| 知觉差错（PE） | 2 | 3 | 3 | 1 | 0 |
| 违规（V） | 30 | 38 | 2 | 1 | 9 |

因此，计算可得出各项影响因素对四项不安全行为的影响权重，即人因干预矩阵 $\mathbf{HFIX}_\omega$：

$$\mathbf{HFIX}_\omega = \begin{bmatrix} 80.65\% & 93.55\% & 9.69\% & 3.23\% & 16.13\% \\ 81.82\% & 77.27\% & 31.82\% & 13.64\% & 22.73\% \\ 66.67\% & 100\% & 100\% & 33.33\% & 0\% \\ 76.92\% & 97.44\% & 5.13\% & 2.56\% & 23.08\% \end{bmatrix}$$

通过表 9-5 可以看出，引发瓦斯事故最主要的不安全行为是违规，所占比率高达 61.90%，其余依次为技能差错、决策差错和知觉差错。

通过人因干预矩阵 $\mathbf{HFIX}_\omega$ 可以看出，其中引发违规的主要因素是组织因素，高达 97.44%，其次为人因因素，比率为 76.92%。违规是引发瓦斯事故最主要的不安全行为，违规又包含习惯性违规和偶然性违规两种，主要表现为作业人员违反规章制度、操作指令的行为，或者是执行没有指令的操作等。深究其原因，不难发现，违规行为的本质原因是作业人员本身素质水平低下、安全技术水平不高或接受安全培训不到位，而人因因素的产生潜在原因是组织方面未进行有效的资源管理，安全监督管理不到位，或未对作业人员进行有效的安全培训教育等，所以违规行为产生的最主要的原因是组织因素，然后为人因等。通过人因干预矩阵 $\mathbf{HFIX}_\omega$ 也可以看出，技能差错、决策差错和知觉差错这三项不安全行为的主要引发因素也是人因因素和组织因素，综合看来组织因素所占的比例更大，所以要想有效地抑制瓦斯事故的发生，我们需要主要着手于组织因素层面和人因因素层面。

### 9.3.2 已有政策的作用评价

本节将基于构建的煤矿安全事故人因干预矩阵模型，利用事故统计方法和层次分析法对出台的政策进行评估。

1. 基于事故统计方法的政策有效性评估

本章所选取的事故样本中，安全政策实施前（2005~2008 年）事故数有 35

起，安全政策实施后（2009~2012年）事故数有28起，通过对安全政策实施前后几年的事故样本进行分析，运用事故统计法统计得出安全事故影响因素表现形式 0-1 标记表。根据安全事故影响因素表现形式 0-1 标记表，可分析得出安全政策实施前后人因因素、组织因素、环境因素、任务因素和技术因素出现的频数 $Z_i$ 及各影响因素出现的频率 $X_i$，如表9-7所示。

表9-7　安全政策实施前后影响因素出现的频数 $Z_i$

| 影响因素<br>$Z_i$ | 人因 | 组织 | 环境 | 任务 | 技术 | 总事故数 |
|---|---|---|---|---|---|---|
| 安全政策实施前 | 25 | 35 | 27 | 7 | 24 | 35 |
| | 71.43% | 100% | 77.14% | 20% | 68.57% | |
| 安全政策实施后 | 20 | 28 | 11 | 8 | 17 | 28 |
| | 71.43% | 100% | 39.29% | 28.57% | 60.71% | |

因此，瓦斯安全政策实施后个人、组织、环境、任务和技术五大影响因素频率的变化率视为安全政策对五大影响因素的影响权重 $\boldsymbol{\eta}$：

$$\boldsymbol{\eta} = \begin{bmatrix} X_1' - X_1 \\ X_2' - X_2 \\ X_3' - X_3 \\ X_4' - X_4 \\ X_5' - X_5 \end{bmatrix} = \begin{bmatrix} 0 \\ 0 \\ -37.85\% \\ 8.57\% \\ -7.86\% \end{bmatrix}$$

其中，$X_i' - X_i \geqslant 0$ 表示安全政策对第 $i$ 项影响因素具有放大作用；$X_i' - X_i \leqslant 0$ 表示安全政策对第 $i$ 项影响因素具有抑制作用。进一步，安全政策对不安全行为的影响作用为

$$\Delta P = \mathbf{HFIX}_\omega \cdot \boldsymbol{\eta} = \begin{bmatrix} -4.65\% \\ -12.66\% \\ -35\% \\ -3.54\% \end{bmatrix}$$

因此，2005~2012 年颁布实施的瓦斯安全政策对不安全行为起到了一定的抑制作用。进一步，可以发现，瓦斯安全政策对决策差错和知觉差错起到了较好的抑制作用，而对技能差错和违规的抑制效果较差。

2. 基于层次分析法的政策有效性评估

《中华人民共和国安全生产法》是为了加强安全生产监督管理，防止和减少安全生产事故，保障人民群众生命和财产安全及促进经济发展而制定的。它由中华人民共和国第九届全国人民代表大会常务委员会第二十八次会议于 2002 年 6

月 29 日通过公布，自 2002 年 11 月 1 日起施行。2014 年 8 月 31 日第十二届全国
人民代表大会常务委员会第十次会议通过全国人民代表大会常务委员会关于修改
《中华人民共和国安全生产法》的决定，自 2014 年 12 月 1 日起施行。

采用层次分析法对《中华人民共和国安全生产法》对不安全行为的抑制作用
进行相应的评估和预测，主要步骤如下。

（1）构建层次结构模型，如图 9-3 所示。

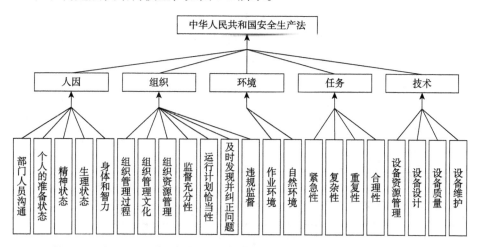

图 9-3　安全生产法层次结构模型

（2）根据图 9-3，构建两两判断矩阵。

邀请煤矿安全方面的专家依据《中华人民共和国安全生产法》主要修改条
例，五个干预维度的两两比较判断矩阵如表 9-8 所示。

表9-8　《中华人民共和国安全生产法》对五个干预维度的两两比较判断矩阵

| 安全政策或技术 | H | O | E | M | T | $\omega_i$ |
|---|---|---|---|---|---|---|
| 人因（H） | 1 | 3 | 7 | 9 | 5 | 0.500 2 |
| 组织（O） | 1/3 | 1 | 4 | 7 | 5 | 0.281 2 |
| 环境（E） | 1/7 | 1/4 | 1 | 3 | 1/3 | 0.072 8 |
| 任务（M） | 1/9 | 1/7 | 1/3 | 1 | 1/2 | 0.040 5 |
| 技术（T） | 1/5 | 1/5 | 3 | 2 | 1 | 0.105 3 |

注：一致性比例为 0.075 2；对《中华人民共和国安全生产法》的权重为 1.000 0；$\lambda_{\max}$ 为 5.337 0

利用上述结果，则可计算《中华人民共和国安全生产法》对技能差错、决策
差错、知觉差错、违规四项不安全行为的影响权重为

$$k = \mathbf{HFIX}_\omega \cdot \begin{bmatrix} 0.500\,2 \\ 0.281\,2 \\ 0.072\,8 \\ 0.040\,5 \\ 0.105\,3 \end{bmatrix} = \begin{bmatrix} 69.18\% \\ 67.92\% \\ 70.10\% \\ 68.78\% \end{bmatrix}$$

可以看出，《中华人民共和国安全生产法》对技能差错的影响权重达到69.18%，对决策差错的影响权重达到 67.92%，对知觉差错的影响权重为70.10%，对违规的影响权重最高为68.78%。

进一步，分析《中华人民共和国安全生产法》对各干预维度的具体内容的影响程度。同样，通过专家分析人因因素两两比较判断矩阵如表9-9所示。

表9-9　人因因素两两比较判断矩阵

| 人因（H） | $H_1$ | $H_2$ | $H_3$ | $H_4$ | $H_5$ | $\omega_{1m}$ |
|---|---|---|---|---|---|---|
| 部门人员沟通（$H_1$） | 1 | 1/4 | 1/3 | 1/2 | 1/6 | 0.064 8 |
| 个人的准备状态（$H_2$） | 4 | 1 | 1 | 4 | 3 | 0.349 1 |
| 精神状态（$H_3$） | 3 | 1 | 1 | 2 | 2 | 0.267 7 |
| 生理状态（$H_4$） | 2 | 1/4 | 1/2 | 1 | 1/3 | 0.102 0 |
| 身体和智力（$H_5$） | 6 | 1/3 | 1/2 | 3 | 1 | 0.216 4 |

注：一致性比例为 0.068 2；对《中华人民共和国安全生产法》的权重为 0.500 2；$\lambda_{max}$ 为 5.305 4

组织因素两两比较判断矩阵如表 9-10 所示。

表9-10　组织因素两两比较判断矩阵

| 组织（O） | $O_1$ | $O_2$ | $O_3$ | $O_4$ | $O_5$ | $O_6$ | $O_7$ | $\omega_{2m}$ |
|---|---|---|---|---|---|---|---|---|
| 组织管理过程（$O_1$） | 1 | 8 | 6 | 3 | 5 | 3 | 4 | 0.364 0 |
| 组织管理文化（$O_2$） | 1/8 | 1 | 2 | 1/4 | 1/2 | 1/4 | 1/3 | 0.045 9 |
| 组织资源管理（$O_3$） | 1/6 | 1/2 | 1 | 1/3 | 1/2 | 1/4 | 1/3 | 0.040 6 |
| 监督充分性（$O_4$） | 1/3 | 4 | 3 | 1 | 3 | 5 | 4 | 0.234 4 |
| 运行计划恰当性（$O_5$） | 1/5 | 2 | 2 | 1/3 | 1 | 1/3 | 1/2 | 0.066 7 |
| 及时发现并纠正问题（$O_6$） | 1/3 | 4 | 4 | 1/5 | 3 | 1 | 3 | 0.152 9 |
| 违规监督（$O_7$） | 1/4 | 3 | 3 | 1/4 | 2 | 1/3 | 1 | 0.095 5 |

注：一致性比例为 0.075 6；对《中华人民共和国安全生产法》的权重为 0.281 2；$\lambda_{max}$ 为 7.617 0

环境因素两两比较判断矩阵如表 9-11 所示。

**表9-11　环境因素两两比较判断矩阵**

| 环境（E） | $E_1$ | $E_2$ | $\omega_{3m}$ |
|---|---|---|---|
| 作业环境（$E_1$） | 1 | 3 | 0.75 |
| 自然环境（$E_2$） | 1/3 | 1 | 0.25 |

注：一致性比例为 0.000 0；对《中华人民共和国安全生产法》的权重为 0.072 8；$\lambda_{max}$ 为 2.000 0

任务因素两两比较判断矩阵如表 9-12 所示。

**表9-12　任务因素两两比较判断矩阵**

| 任务（M） | $M_1$ | $M_2$ | $M_3$ | $M_4$ | $\omega_{4m}$ |
|---|---|---|---|---|---|
| 紧急性（$M_1$） | 1 | 4 | 3 | 2 | 0.461 8 |
| 复杂性（$M_2$） | 1/4 | 1 | 3 | 1/2 | 0.171 7 |
| 重复性（$M_3$） | 1/3 | 1/3 | 1 | 1/3 | 0.098 1 |
| 合理性（$M_4$） | 1/2 | 1/2 | 3 | 1 | 0.268 4 |

注：一致性比例为 0.070 8；对《中华人民共和国安全生产法》的权重为 0.040 5；$\lambda_{max}$ 为 4.188 9

技术因素两两比较判断矩阵如表 9-13 所示。

**表9-13　技术因素两两比较判断矩阵**

| 技术（T） | $T_1$ | $T_2$ | $T_3$ | $T_4$ | $\omega_{5m}$ |
|---|---|---|---|---|---|
| 设备资源管理（$T_1$） | 1 | 2 | 1/3 | 1/2 | 0.151 1 |
| 设备设计（$T_2$） | 1/2 | 1 | 1/5 | 1/4 | 0.080 0 |
| 设备质量（$T_3$） | 3 | 5 | 1 | 3 | 0.511 4 |
| 设备维护（$T_4$） | 2 | 4 | 1/3 | 1 | 0.257 5 |

注：一致性比例为 0.030 4；对《中华人民共和国安全生产法》的权重为 0.105 3；$\lambda_{max}$ 为 4.081 0

通过表 9-8~表 9-13 可以看出，判断矩阵的一致性比例均小于 1，说明判断矩阵可以接受。因此，《中华人民共和国安全生产法》对各项影响因素的具体内容的影响权重，即层次总排序，如表 9-14 所示。

**表9-14　《中华人民共和国安全生产法》对各影响因素具体内容的影响权重**

| 影响因素 | 权重 $\omega_{im}^S$ | 排序 | 影响因素 | 权重 $\omega_{im}^S$ | 排序 |
|---|---|---|---|---|---|
| 个人的准备状态 | 0.174 6 | 1 | 及时发现并纠正问题 | 0.043 0 | 9 |
| 精神状态 | 0.133 9 | 2 | 部门人员沟通 | 0.032 4 | 10 |
| 身体和智力 | 0.108 3 | 3 | 设备维护 | 0.027 1 | 11 |
| 组织管理过程 | 0.102 3 | 4 | 违规监督 | 0.026 9 | 12 |
| 监督充分性 | 0.065 9 | 5 | 运行计划恰当性 | 0.018 7 | 13 |
| 作业环境 | 0.054 6 | 6 | 紧急性 | 0.018 7 | 14 |
| 设备质量 | 0.053 8 | 7 | 自然环境 | 0.018 2 | 15 |
| 生理状态 | 0.051 0 | 8 | 设备资源管理 | 0.015 9 | 16 |

| 影响因素 | 权重 $\omega_{im}^{S}$ | 排序 | 影响因素 | 权重 $\omega_{im}^{S}$ | 排序 |
|---|---|---|---|---|---|
| 组织管理文化 | 0.012 9 | 17 | 设备设计 | 0.008 4 | 20 |
| 组织资源管理 | 0.011 4 | 18 | 复杂性 | 0.007 0 | 21 |
| 合理性 | 0.010 9 | 19 | 重复性 | 0.004 0 | 22 |

引发安全事故的主要不安全行为分别是违规和技能差错，而《中华人民共和国安全生产法》主要也是对违规和技能差错两种不安全行为起到了抑制作用，初步可以判定《中华人民共和国安全生产法》的修订对安全事故的抑制作用良好。

《中华人民共和国安全生产法》新增一条作为第十二条，具体内容为有关协会组织依照法律、行政法规和章程，为生产经营单位提供安全生产方面的信息、培训等服务，发挥自律作用，促进生产经营单位加强安全生产管理。这可以看出该条法规主要强调煤矿企业要在组织培训方面进行严格规范，进一步促进企业的安全生产管理。它主要是对组织因素下的监督充分性进行了规范。通过表 9-14 可以看出，《中华人民共和国安全生产法》对监督充分性的影响权重高达 0.065 9。通过表 9-10 可以发现，监督充分性在组织因素中所占权重为 0.234 4。所以通过对监督充分性进行严格规范，就可以对组织因素起到一定的抑制作用，而组织因素又是引起不安全行为的主要因素，即可以对不安全行为起到较好的抑制作用，进而达到抑制安全事故的作用。

此法规将第二十一条改为第二十五条，具体内容为：生产经营单位应当对从业人员进行安全生产教育和培训，保证从业人员具备必要的安全生产知识，熟悉有关的安全生产规章制度和安全操作规程，掌握本岗位的安全操作技能，了解事故应急处理措施，知悉自身在安全生产方面的权利和义务。未经安全生产教育和培训合格的从业人员，不得上岗作业。生产经营单位使用被派遣劳动者的，应当将被派遣劳动者纳入本单位从业人员统一管理，对被派遣劳动者进行岗位安全操作规程和安全操作技能的教育和培训。劳务派遣单位应当对被派遣劳动者进行必要的安全生产教育和培训。生产经营单位接收中等职业学校、高等学校学生实习的，应当对实习学生进行相应的安全生产教育和培训，提供必要的劳动防护用品。学校应当协助生产经营单位对实习学生进行安全生产教育和培训。生产经营单位应当建立安全生产教育和培训档案，如实记录安全生产教育和培训的时间、内容、参加人员以及考核结果等情况。通过上述内容可以看出，该条例主要是对监督充分性、个人的准备状态和精神状态具体内容进行了规范，即达到对组织因素和人因因素的抑制作用。组织因素和人因因素是引起安全事故的主要因素，通过抑制组织因素和人因因素即可对安全事故起到较好的抑制作用。不难看出，《中华人民共和国安全生产法》的修订，主要针对人因因素和组织因素，而人因因素和组织因素又是引发不安全行为的主要因素，抑制了不安全行为即可达到抑制安全事故的目的。所以初步预测《中华人民共和国安全生产法》的修订对于安全事故的抑制作用良好。

# 9.4　本章小结

本章在 HFACS 框架模型理论的基础上，对 HFACS 框架模型中各具体内容影响安全事故的具体表现形式进行了完善和补充，并利用事故统计法构建了煤矿安全事故人因干预矩阵（HFIX）模型，在此基础上利用事故统计法对已有的安全政策对安全事故的抑制作用进行评价，并利用层次分析法对 2014 年修订的《中华人民共和国安全生产法》的有效性进行了评估。

# 第 10 章　煤矿采掘作业人员情景意识可靠性的影响因素研究

从事故统计数据来看，在导致我国煤矿安全事故发生的直接或间接原因中人因所占比率高达 97.67%以上，因此，人因在我国煤矿事故的发生过程中起主导作用。项目申请者在前期利用 HFACS 对山西省某矿业集团矿务局的煤矿安全事故进行人因分析的过程中，通过统计研究发现造成煤矿安全事故发生 59.1%的不安全行为（决策差错、知觉差错和违规）是由煤矿作业人员对矿井人—机—环相关因素的感知、理解以及预测出现偏差造成的[30]，也即作业人员的情景意识差错是不安全行为发生的重要原因。根据 Endsley 于 1988 年在国际人因学协会年会提出的定义，情景意识（situation awareness，SA）是一定时间和空间内对环境中各组成要素的感知、对其意义的理解及系统变化状况的预测[113]。

作业人员的情景意识是影响决策质量和作业安全绩效的关键因素，情景意识错误是导致不安全行为的重要原因[114~116]。例如，2013 年山西汾西正升煤业"9·28"重大水害事故的主要原因是现场作业人员对已出现的透水征兆重视不够、水害辨识能力差，也即作业人员对环境的感知出现偏差导致对环境未来状态的预测错误。已有的研究表明，作业人员情景意识的提高能够减少不安全行为的发生、改善系统的安全绩效[117~119]。

目前，情景意识理论已经受到学术界和实业界的广泛关注，并逐渐发展成为心理学和人因工效学领域的前沿研究问题之一[120]，*Human Factors*、*Safety Science* 等期刊都先后开辟了情景意识理论的特辑。现有情景意识的研究主要集中在以下四个方面。

（1）作业人员情景意识的影响因素。

此类研究大多是通过实证方法借助某种测量方法，研究培训、干扰、疲劳、工作负荷等因素对作业人员情景意识的影响。例如，在交通方面，Walker 等基于 Neisser 提出的感知循环模型，研究了培训对汽车驾驶员情景意识的影响作用[121]；

Young 等研究了视听干扰对汽车驾驶员情景意识的影响作用[122]。在核电方面，李鹏程等辨识了核电厂数字化主控室操纵员的情景意识失误[123]；戴立操等针对核电厂操纵员，研究了操纵员情景意识的主要影响因素[124]。进一步，李鹏程等研究了核电操纵员情景意识可靠性影响因子的条件概率分布[125]。在航空方面，王永刚和陈道刚分析影响空中交通管制员情景意识形成与保持的主要因素[126]。杨家忠等针对雷达管制任务，研究了管制扇区内航空器的动态变化以及扇区内的航空器数量对管制员情景意识的影响作用[127]。谭鑫和牟海鹰研究了常见的空中交通管制员情景意识下降的原因[128]。柳忠起等通过模拟研究了飞机驾驶舱内驾驶员的注意力分配规律和工作负荷变化[129]。Sawaragi 和 Murasawa 研究了时间选择和工作负荷对决策者任务分析以及认知过程的影响[130]。在海上钻探方面，Sneddon 等研究了压力和疲劳对海上钻井工人情景意识的影响关系[131]。

（2）作业人员情景意识的测量方法。

作业人员情景意识水平的测量方法一直被认为是情景意识理论的核心问题之一。目前，有超过 30 种测量方法[132]，可分为主观和客观两类。常见的主观测量方法有情景意识需求分析[133]、情景意识综合评估方法（situation awareness global assessment technique，SAGAT）[134]、情景意识评估方法（situation awareness rating technique，SART）[135]。常见的客观测量方法有基于操作绩效的情景意识测量方法[136]、嵌入式情景意识测量方法[137]、基于过程/行为的情景意识测量方法[137~140]。一些学者还比较了上述测量方法在实际应用过程中的可用度和有效性。例如，Salmon 等比较了上述方法在 C4i 系统中评价情景意识的有效性[141]。进一步，他们还利用人因指标，通过对 17 种测量方法的比较，发现 SAGAT 是目前应用最广泛也是最有效的作业人员个体情景意识测量方法[142]。

（3）基于情景意识的系统评价。

国内外有一些学者基于情景意识理论评价和指导系统设计，如人机界面、培训方案等。例如，Nazir 等基于情景意识理论，通过实证比较了 3D 虚拟培训和常规培训的有效性[143]。孙林岩等基于情景意识模型对基于经验的界面设计原则进行总结，提出了基于模板的人机界面设计思想[144]。吴旭等从信息加工的角度研究了飞行员的注意力分配，为驾驶舱设计提供依据[145]。刘双等在提出情景意识量化模型的基础上，通过实验对不同任务条件下的情景意识水平进行测评，指导驾驶舱人机界面的设计[146]。到目前为止，虽然很多的学者利用情景意识理论对新系统和新技术进行评价，但还未将情景意识理论和原理应用到实际系统、人机界面、技术和培训的设计流程中。

（4）基于情景意识的决策支持系统。

国内外还有一些学者为了减少作业人员在异常环境下个体情景意识的差错，研究基于情景意识理论的决策支持系统。例如，Naderpour 等从认知的角度将贝叶斯网络和模糊逻辑系统相结合构建了异常情景决策模型，帮助作业人员降低情景意识预测的差错[147]。进一步，他们还针对化工过程系统为降低控制人员风险识别、信息优先权以及决策的差错，利用动态贝叶斯网络的方法构建了情景风险认知的决策支持系统[148]。随后，还基于情景意识理论建立了包含环境监测、风险评估、决策支持以及智能推理四个模块的智能系统，以减少作业人员情景意识的差错[149]。此外，Luokkala 和 virrantaus 还提出了情景意识交互的信息系统概念模型[150]。

　　因此，研究作业人员情景意识的可靠性，提高煤矿作业人员的感知、理解、预测水平，改善情景意识的可靠性，从而在作业过程中有效识别和预防事故发生，对于降低事故发生率具有非常重要的意义。

　　个体的情景意识受环境、组织、任务及个人等众多因素的影响，难以获得大量的数据建立因素之间的影响关系以及影响程度的精确模型。因此，本章将以煤矿采掘作业人员为对象，借助贝叶斯网络模型在解决不确定性问题中的优势，将情景意识模型与贝叶斯网络相结合，分别建立感知、理解、预测的贝叶斯网络模型，通过推理分析得到影响情景意识各层次的主要因素，再利用串联系统的特性，对煤矿采掘作业人员的情景意识的可靠性进行度量与分析，最后得到煤矿采掘作业人员的情景意识可靠性的主要影响因素。

# 10.1　煤矿采掘作业人员情景意识的贝叶斯网络因果图构建

　　煤矿采掘作业人员情景意识的贝叶斯网络因果图主要包含两个部分：影响因素（节点）和因素之间的因果关系。作业人员执行个体任务过程中需要感知、理解以及预测的内容是情景意识可靠性评价的基础，因此有必要针对作业人员承担的具体任务建立煤矿采掘作业人员的情景意识模型。基于煤矿操作规程，在所有的煤矿采掘作业人员中，选取采煤机司机个体作业人员作为本节的研究对象，通过分析采煤机司机的工作任务，结合事故报告及其他相关文献资料，从组织、任务、环境、个人因素等四个方面总结归类了影响感知、理解、预测的因素。通过查阅煤矿本质安全管理、安全原理（第 2 版）、人因工程学、煤矿安全技术与管理、认知心理学等相关文献资料[57, 151~156]，获得因素间的因果关系。

## 10.1.1　情景意识理论概述

　　关于情景意识的研究最早是在航空领域展开的。虽然各领域关于情景意识的各要素不尽相同，但是情景意识的属性及用来实现情景意识的机制是可以统一描述的。因此，情景意识已经在众多领域得到关注和研究。目前，对情景意识的定义更为广泛接受的是 Endsley 提出的，情景意识是一定时间和空间内对环境中各组成要素的感知、对要素内在含义的理解以及对系统未来变化状况的预测[113]。

根据上述定义，作业人员的情景意识实质上是依据信息的处理过程形成的。作业人员的情景意识可以看作是由感知到理解再到预测，这三个阶段形成一个串联系统。

感知是情景意识这一串联系统的基础。在一定的时间和空间内对环境中各组成要素的正确感知，对后续阶段信息的理解和预测都有着关键性的作用。对当下环境中信息的感知主要是通过视觉感知、触觉感知、听觉感知、嗅觉感知等来实现。感知不仅受工作环境等外部因素的影响，如与他人的无线电通信、手势信号，也受自身因素的影响，如工作记忆、注意力、压力、个人经验、自身知识水平。此外，有目标地进行作业也会促进作业人员对环境中要素的感知。

理解是对于感知到的信息的内在含义的认识。理解受到长时记忆和工作记忆（短时记忆）的共同影响。个人的经验、心智模型可能会导致对信息的误解。此外，人们在某一特定环境中会有期望看到或听到的信息，这种期望也会影响对实际感知到的信息的分析。

预测是在对感知到的信息理解分析的基础上，对未来情境状况的估计。预测主要受心智模型和个人知识、经验的影响。关于情景意识的定义及影响因素的具体描述详见图 10-1。

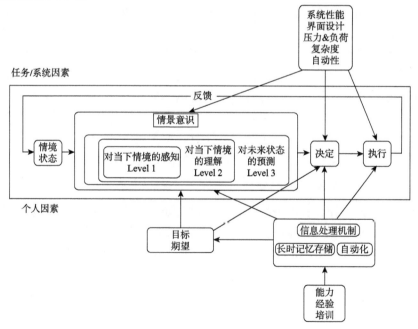

图 10-1　关于动态决策制定的情景意识模型

## 10.1.2　感知层面的贝叶斯网络因果图构建

感知的范围很广，主要是指客观事物通过视觉、听觉、嗅觉、味觉、触觉、平衡觉等感觉器官在人脑中的直接反映。本节先根据采煤机司机的操作规程，确定与感觉器官相关的工作任务。

1. 与感知相关的工作任务分析

由于感知包括视觉、听觉、嗅觉、味觉、触觉、平衡觉等，因此根据采煤机司机的工作任务，从这几个方面来对与感知相关的工作任务进行分析，具体结果如下。

与感知相关的工作任务有：检查煤机各操作阀，电气控制按钮，隔离开关，离合手把的灵活可靠性；检查各用油部位的油质、油位；检查电缆拖拽装置、水管、电缆；检查煤机的左右两个滚筒；检查煤机内、外喷雾装置的喷嘴；检查各个电机的冷却水路、喷雾效果、流量、压力、水质；检查刮板输送机齿轨；检查采煤机行走滑靴、导向滑靴与运输机的接触或咬合是否正常；检查煤机滚筒附近及运输机内是否有人；检查煤机附近是否有杂物；确认各传动部位的声音、温度、液压箱的压力表及主控制箱、变频器控制箱显示屏上的各项参数；检查各种保护装置；在牵引割煤时要注意观察控制箱上的速度；注意牵引电流的变化；注意采煤机及工作面运输机里的煤流情况；注意牵引速度；注意地质构造情况；在煤机运行中，随时注意采煤机和运输机上的杂物；检查传动部位润滑腔；检查采煤机所有电气、液压保护装置灵敏可靠；检查夹层硬度；检查刮板输送机运行情况；注意煤机采高高度；检查支护情况，顶板情况；注意指挥情况；检查煤机各部螺栓是否齐全、紧固；检查操作手把、按钮是否灵活可靠；检查油标指示、真空表读数是否正常；检查隔离开关手把、宰割部离合器手把的挡位；检查工作面刮板输送机状态；检查机道有无障碍物；随时注意顶、底板和煤层变化情况；检查截齿短缺情况；注意观察指示情况；注意观察跟机电缆、水管；割煤过程中，观察煤帮及支架间支护情况；观察空载运行情况；巡回检查。

2. 感知贝叶斯网络的节点

通过对具体工作任务的分析，可以知道感知主要受环境因素、任务因素、组织因素及个人因素四个方面的影响。因此，基于视觉、听觉、嗅觉、味觉、触觉、平衡觉等感觉器官的影响，本节通过环境、任务、组织、个人四个方面来分析影响煤矿采掘作业人员感知的主要因素。

1）环境因素方面

（1）自然环境。

我国煤矿绝大部分是地下开采，因此很容易受到自然条件的限制。在采掘作业过程中，对周围自然环境的感知和判断会直接影响作业人员的安全及采掘任务的进行。当采掘作业人员深入井下时，井下的矿压、水压、地温、地压会影响人的触觉和平衡觉感知；在采煤机司机进行掘进开采之前，首先要检查煤层地质构造情况，检查夹层硬度，通过视觉、触觉等获取信息从而影响感知；如果煤层地质构造情况复杂，会造成作业人员需要感知的信息量大，同时还会造成工作人员的工作负荷，从而影响感知水平。

（2）作业环境。

作业环境就是指煤矿采掘作业人员在井下作业时所处的工作环境。根据工作任务，采煤机司机在作业过程中需要注意顶板情况、支护情况、煤层变化情况等，这就需要良好的照明条件，如果照明不足会直接影响作业人员的视觉水平，从而影响各类检查情况的准确性；在煤机运行中，需要随时注意采煤机和运输机上的杂物，如果灰尘太大会直接影响视觉判断；煤机运转过程中，还需确认各传动部位的声音，此时，如果噪声太大会影响听觉感知。

（3）设备环境。

设备环境是指在采掘作业过程中，所涉及的设备的状态。

首先，在下井前，要检查井下作业所需设备，除了井下的采煤机，作业人员需要配备自救器、无线通信设备等。其次，采煤机司机需要检查电缆、水管、滚筒等装置，可见设备是否完善都会影响到作业人员对信息的感知。而设备的性能对于足够的感知信息的获取亦有重要意义。

设备性能包括设备精度的高低及设备发生故障的程度。根据工作任务，作业人员在采煤过程中，需要注意牵引速度，牵引电流的变化等信息，此时，设备的精度高低会影响获取信息的准确性，从而可能引起感知失误。

在获取信息时，人机接口的好坏也会直接影响感知信息的获取。人机接口包括界面设计的颜色、显示屏等设置。人机接口不好，可能是界面设计的颜色、显示屏等设置不合理。司机在采煤过程中，需要确认油位、温度、压力表、各显示屏上的各项参数、真空表读数及速度等，人机接口不好会引起视觉、触觉等获取信息失误。

设备可靠性是指各检测系统（安全监控、人员定位、通信联络、紧急避险、压风自救、供水施救）获得数据信息的可靠性。当安全监控设备可靠性低时，井下作业状态不能实时、实事地反映采掘作业的真实情况，会直接影响对煤矿作业人员安全的控制和把握。当定位设备及通信设备可靠性低时，一旦发生灾难，搜救人员对于被困人员的位置信息等都容易出现判断失误，从而可能对作业人员的生命安全造成更大的威胁。当瓦斯监控设备可靠性较低时，会直接影响到作业人员对瓦斯信息的读取和判断，从而可能引发重大灾难。

2）任务因素方面

（1）任务目标。

任务目标是指组织安排的任务，包括生产任务和安全任务两个方面。当任务量较大时，会造成作业人员的体力超负荷及心理压力，同时会导致作业人员的注意力水平降低，从而可能引起触觉感知、听觉感知等感知信息出错。

（2）工作负荷。

工作负荷是指人体在单位时间内所能承受的工作量，包括体力负荷、心理负荷两个方面。工作负荷会造成作业人员的视觉上忽略一些信息、听觉出现幻听等情况，从而影响感知水平。

3）组织因素方面

（1）培训。

培训是指给员工传授其完成本职工作所需的基础知识和技能，培养其正确的思维认知的过程。培训不仅是对作业人员技能的培训，更包括了安全教育的培训。组织培训的有效进行，培训质量的不断提高，不仅可以直接提高作业人员的操作技能、安全意识，同时还可以提高作业人员的素质，使其在事故发生前，能够敏锐观察并感知到相关信息，从而做出正确判断与分析，进而有效预防事故的发生。此外，培训工作的进行，还可以提高作业人员的工作经验，使其了解更多平时工作中不曾遇到的突发状况，从而有效地提高煤矿采掘作业人员的自身素质。

（2）团队交互。

团队交互是指作业人员之间信息的交互传递，主要通过无线电通信、手势信号等进行信息间的传递。作业环境的复杂性，如照明情况、空气可见度、噪声等，都会直接影响作业人员之间的视觉感知、听觉感知，从而影响作业人员之间的交互水平。

4）个人因素方面

（1）精神和身体状态。

个人精神状态差时，注意力容易不集中，会影响煤矿采掘作业人员的视觉和听觉感知；当个人身体状态不好时，作业人员容易疲劳、乏力，严重时可能还会出现犯困等情况，会直接影响对周围工作环境中相关信息的感知。

（2）个人素质和经验。

个人素质和经验包括个人学习能力、技能、文化水平、安全意识、责任心等综合能力和经验。经验丰富的采掘作业人员更容易直接、快速、准确地获取工作所需勘察的信息。个人素质较高的采掘作业人员能够更加关注到事关安全的重要信息。

（3）注意力。

注意力是指人的心理活动指向和集中于某种事物的能力，主要分为视觉注意力、听觉注意力和触觉辅助注意力。

（4）本能。

本能形容某种下意识的举动或反应。当煤矿事故发生时，由于人的本能求生意识，作业人员会逃跑，此时本能就会影响到作业人员对当下情势的信息感知，从而出现差错。

（5）短时记忆。

短时记忆是一种认知资源集中于一小部分心理表征的内在机制[154]。短时记忆，又称工作记忆，其中信息的编码包括听觉编码、视觉编码和语义编码[155]。

通过分析采煤机司机的工作任务，从环境、组织、任务和个人四个方面总结得到影响作业人员感知的因素，并确定感知贝叶斯网络因果图的节点因素，具体如表 10-1 所示。

表10-1　影响感知的因素

| 因素 | | 节点 | 备注 |
|---|---|---|---|
| 影响感知的因素 | 环境因素 | 自然环境 | 矿压、水压、地温、地压，煤层地质构造情况 |
| | | 作业环境 | 能见度，空气质量，包括照明不足、灰尘太大 |
| | | 设备环境　设备完备性 | 指设备的配备及缺失情况 |
| | | 设备环境　设备性能 | 包括设备精度的高低，设备发生故障的程度 |
| | | 设备环境　设备可靠性 | 指各检测系统（安全监控、人员定位、通信联络、紧急避险、压风自救、供水施救）获得数据信息的可靠性 |
| | | 设备环境　人机接口 | 包括界面设计的颜色、显示屏等设置 |
| | 任务因素 | 工作负荷 | 指人体在单位时间内所能承受的工作量，包括体力负荷、心理负荷两个方面 |
| | | 任务目标 | 指组织安排的任务，包括生产任务和安全任务两个方面 |
| | 组织因素 | 培训 | 是给员工传授其完成本职工作所需的基础知识和技能，培养其正确的思维认知的过程 |
| | | 团队交互 | 包括无线电通信，手势信号，作业人员之间信息的交互传递 |
| | 个人因素 | 精神和身体状态 | 包含个人的精神状态和身体状态 |
| | | 个人素质和经验 | 包括个人学习能力，技能、文化水平、安全意识、责任心等综合能力和经验 |
| | | 注意力 | 指人的心理活动指向和集中于某种事物的能力 |
| | | 本能 | 形容某种下意识的举动或反应 |
| | | 短时记忆 | 也即工作记忆，是一种认知资源集中于一小部分心理表征的内在机制 |

### 3. 感知贝叶斯网络节点间的因果关系

感知的影响因素之间的因果关系，主要来源于对《煤矿本质安全管理》、《安全原理》（第 2 版）、《人因工程学》、《煤矿安全技术与管理》、《认知心理学：心智、研究与你的生活》等相关文献资料的查阅与分析获得。之后，经过课题组成员的讨论分析，完善因素间的因果关系。关于感知贝叶斯网络因果图的部分节点间因果关系的描述见表 10-2。

表10-2 部分节点间的因果关系描述

| 来源 | 描述 | 因果关系 |
|---|---|---|
| 武予鲁，《煤矿本质安全管理》 | 视觉告警主要有：亮度、颜色、信号灯等告警方法。亮度是使危险区域的照明条件优于安全区域，以便作业人员能集中注意力于危险区域 | 作业环境→注意力 |
| | 我国煤矿96%是地下开采，受自然条件所限，工作现场狭窄、黑暗、高温、高湿，又存在较多的污染因素和危险性因素。煤矿大多地理位置偏僻，交通不方便，文化生活也比较单调，这些都使矿工的心理压力或负担远较一般人群严重，这必然对他们的身心健康产生很大的影响 | 自然环境→作业环境；自然环境→精神和身体状态；作业环境→精神和身体状态；精神和身体状态→注意力；自然环境→工作负荷；工作负荷→精神和身体状态 |
| 陈宝智，《安全原理》（第2版） | 人对于某项操作达到熟练以后，可以不经大脑处理而下意识地直接行动 | 培训→本能 |
| | 当发生某些突发事件时，这些突然而又强烈的刺激会引起严重的心理紧张，一般还伴有作业量的突然增加，使大脑歪曲感知信息而陷入混乱，能力下降，造成事故或扩大事故 | 精神和身体状态→本能；本能→感知 |
| | 巷道断面的扩大，井下照明的增强，井下设备的位置调整，适当多井下其他标志等，均可增强井下作业人员的感知效果 | 作业环境→注意力；注意力→感知 |
| | 疲劳，可分为生理疲劳和心理疲劳两种。注意力是最易疲劳的心理机能之一。在疲劳状态下，注意力容易分散 | 工作负荷→注意力 |
| | 安全生产教育培训的内容主要是：岗位安全操作规程；岗位之间工作衔接配合的安全与职业卫生事项；有关事故案例；其他需要培训的内容 | 培训→个人素质和经验；培训→团队交互 |
| | 矿井环境的潮湿、灰尘等因素影响着设备的使用，环境的照明不足又影响工人操作设备 | 作业环境→设备性能 |
| | 对于显示危险信号的光显示器可以采用闪频的形式，以提高人的注意力 | 人机接口→注意力 |
| | 由于井下照度较低，多数物体深色，对比度低，分辨困难，工人不易发现如支架歪斜、损坏、顶板异常、设备运转不正常等不安全状况，影响工人的相互配合与相互关照 | 作业环境→团队交互 |
| 郭伏、钱省三，《人因工程学》 | 影响工作记忆编码效果的主要因素是人的觉醒水平、组块和认知加工深度。觉醒水平即大脑皮层的兴奋水平。它直接影响到记忆编码的效果 | 精神和身体状态→短时记忆 |
| | 个体的知识经验、编码技巧及努力程度都影响组块的内容和方式 | 培训→短时记忆；个人素质和经验→短时记忆 |
| 闫少华，《基于信息加工模型的管制员差错分类与分析》 | 调用长时记忆中的规则和知识以及短时记忆中的目标、任务和约束条件对感觉的信息进行感知。感知、决策和响应执行都需要耗用注意力 | 短时记忆→感知；注意力→感知 |
| 戈尔茨坦 E，《认知心理学：心智、研究与你的生活》 | 从生理学角度而言，对客体的知觉是客体表征信号、情景表征信号以及基于知识经验或期望的反馈信号的总和。知觉由三种信息决定：①来源于感官刺激的信息；②客体出现的情景等其他信息；③个体的知识经验或期待 | 个人素质和经验→感知 |

根据已有的节点及分析所得的节点间的因果关系，构建感知的贝叶斯网络因果图，如图 10-2 所示。

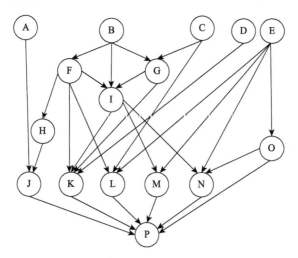

图 10-2　初始的感知贝叶斯网络因果图

A-设备完备性；B-自然环境；C-任务目标；D-人机接口；E-培训；F-作业环境；G-工作负荷；H-设备性能；I-精神和身体状态；J-设备可靠性；K-注意力；L-团队交互；M-本能；N-短时记忆；O-个人素质和经验；P-感知

如图 10-2 所示，鉴于由以上 16 个节点构建的贝叶斯网络因果图较大，涉及的参数较多，共计有 2 796 个，在利用 Netica 软件处理参数数据时，工作量较大，故为了简化计算，增设了三个中间节点，以便降低工作量。

因为设备可靠性和注意力都涉及人通过设备对信息的感知获取，故把设备可靠性和注意力用人机交互水平来表示；把团队交互、个人素质和经验归结为个人能力与团队合作；本能和短时记忆都会受到后期培训和个人经验的影响，从而形成个人自身独特的记忆，故把本能和短时记忆归为个人记忆水平。因此，在之前已有的 16 个节点的基础上，增加了人机交互水平、个人能力与团队合作、个人记忆水平这三个节点，从而最终选定这 19 个节点来构建煤矿采掘作业人员感知的贝叶斯网络因果图，如图 10-3 所示。

从图 10-3 可知，设备完备性、自然环境、任务目标、人机接口和培训是影响感知的根本原因，设备可靠性、注意力、团队交互、本能、短时记忆及个人素质和经验是影响感知的直接原因。新构建的感知贝叶斯网络因果图所涉及参数为 771 个，参数确定的工作量明显降低。

### 10.1.3　理解层面的贝叶斯网络因果图构建

理解是指人的大脑对事物本质的一种了解和认识，懂得事物所涵盖信息的真

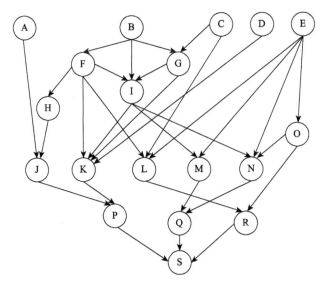

图 10-3　煤矿采掘作业人员感知的贝叶斯网络因果图

A-设备完备性；B-自然环境；C-任务目标；D-人机接口；E-培训；F-作业环境；G-工作负荷；H-设备性能；I-精神和身体状态；J-设备可靠性；K-注意力；L-团队交互；M-本能；N-短时记忆；O-个人素质和经验；P-人机交互水平；Q-个人记忆水平；R-个人能力与团队合作；S-感知

正含义。同感知贝叶斯网络因果图的构建一样，理解贝叶斯网络因果图的构建也是需要先分析相关工作任务，再确定节点及节点间因果关系，最后构建出相应的理解贝叶斯网络模型。

1. 与理解相关的工作任务分析

通过分析采煤机司机的操作规程，从中分析得到其中涉及理解的工作任务，具体如下：熟悉煤机性能、原理；通过各项开机检查清楚煤机各部件状态；确认刮板机、运输机的状态；由发出的开机信号知道开始开机运转；由各传动部位的声音、温度、压力表及各项参数了解各项指标的具体含义及设备的可靠性；理解空载运行情况的含义；了解刮板输送机信号的含义；了解牵引速度、方向及摇臂移动方向的含义；理解停机的含义，即意味着滚筒及供水装置的停用；了解关于速度、方向、升降的各控制开关的含义；了解控制箱速度的含义；理解牵引电流的含义；理解构造带的现实情况的含义；清楚采煤机和运输机上有杂物情况的含义；理解采煤机所有电气、液压保护装置的用处；清楚冷却水、喷雾水的水量含义；了解夹层硬度的含义；理解油标指示的含义；了解电缆卡子的作用；理解采高的作用；理解顶、底板和煤层变化情况的含义；理解各指示信号的含义；理解采煤机载重情况的含义；理解操作手把不灵的含义。

由此可见，理解的内容是基于感知任务的基础上。煤矿采掘作业人员需要对感知到的信息进行正确理解。

2. 确定理解贝叶斯网络因果图的节点

通过分析与理解相关的工作任务，可以从组织、任务、个人因素三大方面分析影响理解的因素。

1) 组织因素方面

组织因素主要是指组织培训。组织培训不仅会直接影响作业人员的技能水平、安全意识，还会影响作业人员对采掘作业规程的知识的掌握。作业人员接受培训的水平，会直接影响其对所感知信息的理解。当个体作业人员很好地接受培训教育时，对采掘工作中设备信号、温度、压力表、油标指示等信息含义会有很好的理解和判断。

2) 任务因素方面

（1）工作设计。

工作设计主要包括工作时间的安排和工作任务量的设计。工作时间安排的不合理会造成作业人员休息不充分，从而影响作业人员的精神状态；工作任务量安排的不合理，如任务量过重时，会引起作业人员需要感知的信息量增多，造成脑力负荷。

（2）脑力负荷。

脑力负荷，与体力负荷相对应，主要是指一种心理压力，也称心理负荷或精神负荷。当作业人员心理压力较大时，会造成作业人员的精神疲劳，还会出现短时记忆缺失的情况，造成对一些信息的理解缺失或者发生错误理解。

3) 个人因素方面

（1）个人素质和经验。

个人素质和经验包括个人学习能力、技能、文化水平、安全意识、责任心等综合能力和经验。当个人学习能力较强时，很容易学到新的知识和经验，而经验对于采掘作业过程中遇到的各种复杂问题有很大帮助。经验丰富的采掘作业人员更容易对感知到的信息做出准确的理解和判断。

（2）记忆。

这里的记忆包含了短时记忆和长时记忆。一个人记忆水平的高低，会直接影响感知信息的记录，从而影响对信息的判断。

（3）心智模式。

心智模式是指我们心中对于周围世界的人、事、物等各个层面的了解而形成的一种思维模式，易受个人已经掌握的知识的局限，以及受到定向思维的影响。心智模式，是一种机制，在其中人们能够以一种概论来描述系统的存在目的和形状，解释系统的功能和观察系统的状态，以及预测未来的系统状态。

（4）期望。

期望是指人在特殊的环境下对于想看到或听到的东西有一定的期望。

通过分析，从组织、任务和个人三个方面总结得到影响作业人员感知理解的因素，并确定理解贝叶斯网络因果图的节点因素，具体如表10-3所示。

表10-3　影响理解的因素

| 因素 | | 节点 | 备注 |
|---|---|---|---|
| 影响理解的因素 | 组织因素 | 培训 | 是给员工传授其完成本职工作所需的基础知识和技能，培养其正确的思维认知的过程 |
| | 任务因素 | 工作设计 | 主要包括工作时间的安排和工作任务量的设计 |
| | | 脑力负荷 | 主要是指一种心理压力，也称心理负荷或精神负荷 |
| | 个人因素 | 个人素质和经验 | 包括个人学习能力、技能、文化水平、安全意识、责任心等综合能力和经验 |
| | | 记忆 | 包括短时记忆和长时记忆 |
| | | 心智模式 | 指我们心中对于周围世界的人、事、物等各个层面的了解而形成的一种思维模式 |
| | | 期望 | 指人在特殊的环境下对于想看到或听到的东西有一定的期望 |

因此，选定这7个节点构建理解的贝叶斯网络因果图。

3. 确定影响理解的贝叶斯网络节点间的因果关系

影响理解的贝叶斯网络节点间的因果关系见表10-4。

表10-4　影响理解的贝叶斯网络节点间的因果关系

| 来源 | 描述 | 因果关系 |
|---|---|---|
| 郭国政，《煤矿安全技术与管理》 | 精神疲劳与中枢神经活动有关，表现为全身乏力、头晕、心情压抑、思维能力减弱及活动减少等 | 精神和身体状态→理解 |
| 陈宝智，《安全原理》（第2版） | 人在识别某一事物时，要不断对该事物进行知觉分析，同时还要利用已有的知识经验，对知觉到的各种特征进行分析比较，经过多层次的连续检验，最后才达到再认 | 个人素质和经验→记忆<br>记忆→理解 |
| 王保国、黄伟光等，《人机环境安全工程原理》 | 惊慌，尤其是在紧急危险状况下，多数人心理会骤然发生变化，内心十分紧张，一时失去正确的判断能力，行动也随之失去常态 | 精神状态→理解 |
| 戈尔茨坦 E，《认知心理学：心智、研究与你的生活》 | 长时记忆是一个"存档"，包括了我们生活中的过去经历和我们所学的知识。想象一下你刚刚完成考前复习，而且非常相信你把考试需要的材料编码进了长时记忆。但当你考试的时候，还必须要记起一些信息来答题。这就要把以前通过编码放入长时记忆的信息重新提取到工作记忆中。把信息从长时记忆转移到工作记忆的过程叫作提取 | 培训→个人素质和经验<br>个人素质和经验→长时记忆<br>长时记忆→理解<br>工作记忆→理解 |

基于理解的影响因素节点及分析得到的节点间因果关系，构建出煤矿采掘作业人员理解的贝叶斯网络因果图，如图 10-4 所示。

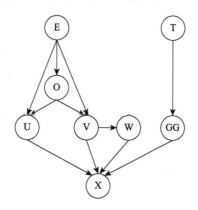

图 10-4　煤矿采掘作业人员理解的贝叶斯网络因果图

E-培训；T-工作设计；O-个人素质和经验；GG-脑力负荷；U-记忆；V-心智模式；W-期望；X-理解

从图 10-4 可知，培训和工作设计是影响理解的根本原因，记忆、心智模式、期望、脑力负荷是影响理解的直接原因。

## 10.1.4　预测层面的贝叶斯网络因果图构建

预测是指在已了解的信息基础上，遵循一定的规律，采用一定的方法，对事情的未来发展动态进行估计，以便提前掌握事情发展动态及结果。每次我们根据观察到的过去发生的事情去预期将来会发生的事情时，用到的都是归纳推理[156, 157]。

1. 与预测相关的工作任务分析

基于理解的工作任务分析，进一步分析与预测相关的工作任务，具体介绍如下。

通过各项开机检查预测煤机各部件能否正常运转；空载开机运转后，由各项参数、信号灯预测煤机运行状态；由刮板机的状态预测其能否正常运输；由煤机运行情况预测供水装置状态；预测是否可能出现刮板机伤人事故；根据输送机状况，预测是否会出现输送带跑偏事故、撕裂事故、输送带火灾事故；由各传动部位的声音、温度、压力表及各项参数预测各传动部位是否运转正常；预测人机界面显示是否正常；各保护装置是否可以正常使用；根据空载运行情况预测煤机在正常运转时的状态；由刮板输送机信号预测刮板输送机运转状态；由刮板输送机状态预测采煤机割煤状态；操作人员根据观察到的情况预测速度加减和左右方向的牵引及摇臂的升降；预测是否会出现牵引故障；预测停机后滚筒及供水装置的状态；根据控制箱速度和牵引电流变化预测判断煤流情况；根据构造带的现实情况预测煤层稳定性，预测是否会出现顶板事故；根据采煤机和运输机上杂物情况预测是否有问题，是否需要停机处理；根据加油时油桶使用情况，预测是否会污染油脂；由煤机所有电气、液压保护装置状态预测是否出现电气隔爆、失爆等事故；根据冷却水、喷雾水的水量预测冷却效果；根据夹层硬度预测煤机能否截割；根据油标指示预测油箱情况及煤机之后的运行情况；预测电缆卡子是否坚固及电缆受力如何；预测采高高度；预测是否会出现冒顶事故；根据顶、底板和煤层变化情况预测运行状况；根据各指示信号判断设备运行是否正常；预测采煤机是否超负荷；预测在过载情况下是否会出现火灾事故；预测操作手把不灵时的煤机运行状况及是否会发生安全事故；通过巡回检查来预测设备、环境等状态；根据真空表读数确定是否更换吸液过滤器；根据电缆受力情况确定是否停止运行；通过发出开车信号预测通道人员情况；根据截齿情况预测煤机运行情况及采煤情况。

对未来发展情况的预测都是在对已有信息理解的基础上，做出判断。

2. 确定预测贝叶斯网络因果图的节点

对未来发展情势的预测主要受组织因素和个人因素的影响，因此从培训、个人素质和经验、心智模式、个人性格缺陷等方面分析影响预测的节点因素，如表10-5所示。

**表10-5　影响预测的因素**

| 因素 | | 节点 | 备注 |
|---|---|---|---|
| 影响预测的因素 | 组织因素 | 培训 | 是给员工传授其完成本职工作所需的基础知识和技能，培养其正确的思维认知的过程 |
| | 个人因素 | 个人素质和经验 | 包括个人学习能力、技能、文化水平、安全意识、责任心等综合能力和经验 |
| | | 心智模式 | 指我们心中对于周围世界的人、事、物等各个层面的了解而形成的一种思维模式 |
| | | 个人性格 | 责任感、细心、自我控制情绪的能力 |

组织培训的进行可以提高作业人员的自身素养及技能水平，同时还可以增加作业人员的经验，从而对未来情势的发展做出更准确的预测。而个人性格在一定程度上也会影响预测。当一个人责任感较低，或者不够细心时，对未来的预测可能会出现失误；此外，若个人自我控制情绪能力不好，极容易做出错误的预测，从而引发更大的灾难和事故。

3. 确定影响预测的贝叶斯网络节点间的因果关系

由于预测主要受个人因素的影响，涉及的节点因素及相关因果关系较少，因此，关于预测贝叶斯网络模型的因果关系如表10-6所示。

**表10-6　影响预测的节点间因果关系**

| 来源 | 描述 | 因果关系 |
|---|---|---|
| 刘伟、袁修干，《人机交互设计与评价》 | 一般而言，在情景意识第二层的基础上没能形成正确及时的预测（形成情景意识第三层），这可能是因为没有足够的智力资源，或没有足够的专业知识 | 心智模式→预测 |
| 戈尔茨坦 E，《认知心理学：心智、研究与你的生活》 | 根据过去经验来进行预测和选择很有意义，尤其是基于对熟悉的事物的观察所做出的预测 | 个人素质和经验→预测 |

预测主要受个人自身因素的影响，受其他外在因素的影响较小。通过分析，从个人素质和经验、心智模式、个人性格缺陷等方面来分析影响预测的主要原因，构建的预测的贝叶斯网络因果图如图 10-5 所示。

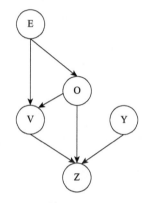

图 10-5　煤矿采掘作业人员预测的贝叶斯网络因果图

E-培训；O-个人素质和经验；V-心智模式；Y-个人性格；Z-预测

## 10.2　煤矿采掘作业人员情景意识可靠性的贝叶斯网络参数确定

本节将节点变量分为好、中、差三种状态，并对部分变量有一个明确的准则描述。三态变量的描述有助于最后对于情景意识可靠性进行更好的评价。由于各节点变量都有好、中、差三种状态，因此本节涉及的贝叶斯网络参数较多，感知部分有 771 个，理解部分有 339 个，预测部分有 123 个，共计有 1 233 个参数。关于贝叶斯网络参数的获得，主要分两部分进行，先确定根节点的概率，再依据相关公式确定各中间节点的条件概率分布。

## 10.2.1　情景意识的影响因素的状态等级划分

由于影响感知、理解、预测的因素较多，当各因素处于不同的状态时，对于感知、理解、预测的影响程度也不同。因此，为了定量分析识别影响情景意识的主要因素，将各变量划分为好、中、差三个等级，分别用 $a$、$b$、$c$ 表示。在此主要介绍根节点的不同等级准则，如表 10-7 所示。

表10-7　根节点不同等级准则

| 根节点变量 | 状态等级 | 准则 |
|---|---|---|
| 设备完备性 A | 好（$a$） | 采掘作业过程中所需的设备配备充足 |
| | 中（$b$） | 基本满足采掘作业所需设备 |
| | 差（$c$） | 作业所需设备短缺 |
| 自然环境 B | 好（$a$） | 地质构造情况便于观察分析，煤层稳定性较好，矿井突水问题不明显 |
| | 中（$b$） | 地质构造情况稍微复杂，煤层稳定性一般，有轻微的矿井突水问题 |
| | 差（$c$） | 地质构造情况较为复杂，煤层稳定性较差，矿井突水问题较严重 |
| 任务目标 C | 好（$a$） | 生产任务单一 |
| | 中（$b$） | 工作任务量适当，作业人员可以在正常规定工作时间内完成任务 |
| | 差（$c$） | 工作任务烦琐，任务量较重 |
| 人机接口 D | 好（$a$） | 界面颜色、显示屏等设置符合人因工程设计要求，有助于提高作业人员效率 |
| | 中（$b$） | 界面颜色、显示屏等设置基本符合人因工程设计要求，作业人员可以基本完成任务 |
| | 差（$c$） | 设置不合理，影响作业人员对信息的获取 |
| 培训 E | 好（$a$） | 组织提供较好的培训体系，作业人员在接受培训后有较高的安全意识和技能水平，工作效率得到提高 |
| | 中（$b$） | 作业人员安全意识和技能水平一般，基本符合工作要求 |
| | 差（$c$） | 组织提供培训机会较少，作业人员安全意识较差，技能水平较低，工作容易出现不安全行为 |
| 工作设计 T | 好（$a$） | 工作时间和任务量设计较合理 |
| | 中（$b$） | 作业人员在规定工作时间内能基本完成工作任务 |
| | 差（$c$） | 工作时间和任务量设计不合理，作业人员在作业过程中会感到疲劳 |
| 个人性格缺陷 Y | 好（$a$） | 个人责任感较强、细心、自控能力较好 |
| | 中（$b$） | 作业人员可以基本控制自己的性格，尽量做到不把情绪带到工作中，有一定的责任感 |
| | 差（$c$） | 作业人员脾气急躁、易动怒、自控能力弱、不够细心、责任感差 |

## 10.2.2　根节点概率的确定

由于煤矿作业环境的复杂性和特殊性，我们无法获得确定的数据，并且无法通过实验的方法获得数据。此外，对于个体作业人员情景意识可靠性的研究，由于其自身的隐性特征，导致一些数据无法获得。因此，综合考虑，需要选用一种主观确定概率的方法来确定贝叶斯网络参数。

对于根节点 A、B、C、D、E、T、Y，本节将语义-数字概率法与模糊数学相结合，估计其贝叶斯网络参数，详细步骤参见第 4 章。各根节点的概率分布如表 10-8 所示。

表10-8　各根节点的概率值

| 变量 | | 设备完备性 A | 自然环境 B | 任务目标 C | 人机接口 D | 培训 E | 工作设计 T | 个人性格 Y |
|------|---|------|------|------|------|------|------|------|
| 状态及概率/% | 好 | 0.360 | 0.099 | 0.691 | 0.595 | 0.300 | 0.290 | 0.289 |
| | 中 | 0.543 | 0.257 | 0.170 | 0.266 | 0.569 | 0.515 | 0.519 |
| | 差 | 0.097 | 0.644 | 0.139 | 0.139 | 0.131 | 0.195 | 0.192 |

### 10.2.3　中间节点条件概率分布的确定

由于贝叶斯网络涉及的节点及因果关系较多，主观确定概率的计算工作量较大，因此有必要选取一种规范化的方法来确定中间变量的条件概率分布。本节主要利用 Roed 等提出的概率公式计算[158]，具体步骤如下。

（1）利用层次分析法确定相对权重。

目前，确定权重的方法有专家打分法、调查统计法、序列综合法、公式法、数理统计法、层次分析法等。由于煤矿领域的特殊性，无法统计获得确定性的数据，因此其中多项方法不适用。而层次分析法与专家打分法相比，将定量与定性分析相结合，是一种更为系统性的分析方法。层次分析法也是两两比较法，它能用一致性检验较好地解决由于专家的逻辑错误和认识局限的判断不一致，因此得到广泛应用。

本节同样利用层次分析法确定某一中间节点直接相连的父节点的相对权重 $W_i$，$i=1,2,\cdots,n$，其中 $n$ 是其父节点变量的个数。

（2）计算父节点与子节点在不同状态下的加权距离的绝对值。

Roed 等提出的利用节点间距离的绝对值来反映相对距离[158]，李鹏程等通过分析，对其进行了改进，提出用父节点、子节点各状态之间的加权距离的绝对值来分配节点变量分别处于好、中、差三个状态的概率[125]。改进后的公式有效地解决了之前公式中正负距离抵消的问题。因此，利用式（10-1）来计算加权距离的绝对值：

$$D_j = \left| \sum_{i=1}^{n} D_{ij} \cdot W_i \right|, D_j \in [0,2] \tag{10-1}$$

其中，$n$ 是某一贝叶斯网络因果图中父节点变量的个数；$j$ 是所考虑的子节点变量的可能的状态，$j=(a,b,c)$。这里，状态 $a$ 代表好，在利用公式计算时记为 $a=2$；$b$ 代表中，记为 $b=1$；$c$ 代表差，记为 $c=0$。

（3）确定 R 指数的值。

采用 Roed 等提出的概率分布的公式进行计算[158]：

$$P_j = \frac{\mathrm{e}^{-RD_j}}{\sum_{j=a}^{c} \mathrm{e}^{-RD_j}}$$　　　　　　　　　　（10-2）

其中，$R$ 是概率结果分布指数，李鹏程等利用模拟机实验数据确定 $R$ 值[125]。而由于煤矿领域环境的复杂性和现实局限性，缺乏大量确定性的数据，无法利用现有数据确定得到 $R$ 值。因此，选择利用公式推导的方法得到 $R$ 值。首先，利用语义数字概率估计法得到节点变量处于 $a$ 状态与 $c$ 状态间的概率的比值，即倍数关系，并利用三角模糊法处理数据，得到精确倍数值 $x$。之后，再代入公式，计算得到 $R$ 值。该方法计算过程简单，效率较高。

假设 $P_a$ 与 $P_c$ 的概率值之比为 $x$，即

$$\frac{P_a}{P_c} = x$$　　　　　　　　　　　　（10-3）

节点变量处于状态好的概率是状态差的概率的 $x$ 倍，由此可计算出 $R$：

$$R = \frac{1}{2}\ln x$$　　　　　　　　　　　　（10-4）

（4）计算得到各子节点的条件概率分布。

根据 Roed 等建议的概率分布的计算公式（10-2），代入对应的 $D$ 值、$R$ 值，计算得到感知、理解、预测各贝叶斯网络模型中各子节点的不同状态下的条件概率分布。

### 10.2.4　节点间的条件独立性检验

贝叶斯网络由两部分构成，分别是贝叶斯网络结构（有向无环图）和贝叶斯网络参数（条件概率分布表），即一个正确的贝叶斯网络应该符合无环和节点条件独立这两个条件。根据之前已经构建的贝叶斯网络因果图可知，贝叶斯网络模型符合无环的要求。所以，下一步就是检查参数独立性，参数设计是否符合要求。利用互信息值进行参数独立性检验，具体参见第 4 章。

# 10.3　煤矿采掘作业人员情景意识可靠性的主要影响因素分析

根据已构建的贝叶斯网络模型，调整各节点变量的状态，观察调整后对感

知、理解、预测的影响大小比较，从而分析得到影响感知、理解、预测的主要因素。之后，分析影响情景意识各层次的主要因素对情景意识可靠性的整体影响大小。通过比较分析得到其中影响较大的因素，也即得到影响情景意识可靠性的主要因素。在分析过程中，主要观察概率值变化大小来决定因素的影响大小。

### 10.3.1　感知的主要影响因素分析

通过对已构建的贝叶斯网络模型进行推理分析，可以定量比较模型中的各父节点对子节点的影响程度，从而可以识别出影响感知的主要因素。利用 Netica 软件构建的贝叶斯网络模型如图 10-6 所示。

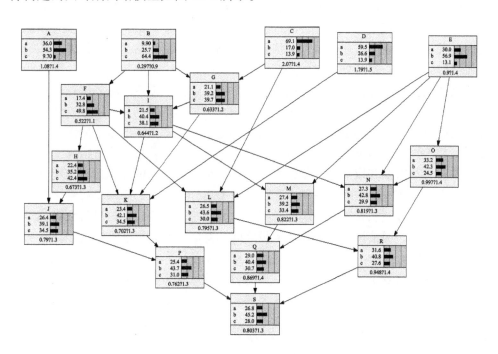

图 10-6　感知的贝叶斯网络模型

因为各节点因素划分为好、中、差三个等级，而当父节点变量处于状态差时，整个模型的失效概率会明显增大。因此，利用 Netica 软件调节使各父节点变量的状态为差，观察感知处于状态差的概率变化大小，并进行对比分析。

当感知状态差时，即 $S=c$ 时，只改变一个根节点变量，如令 $A=c$，观察 $S=c$ 的概率变化大小。其中各根节点状态差时对感知的影响大小如表 10-9 所示。

表10-9   根节点对感知的影响大小比较

| 节点及状态 | A=c | B=c | C=c | D=c | E=c |
|---|---|---|---|---|---|
| 概率值变化大小/% | 0.6 | 1.1 | 0.2 | 0.3 | 3.4 |
| 影响大小比较 | E>B>A>D>C |||||

由表 10-9 可以看出，各根节点对感知的影响大小比较为：E>B>A>D>C，即培训 E、自然环境 B 和设备完备性 A 对感知 S 的影响显著，其中培训是最大的影响因素，自然环境次之，然后是设备缺失，而任务目标 C 和人机接口 D 对感知的影响相对较小。这说明，组织培训的进行，以及个人接受培训的水平是对个人感知水平最大的影响因素。当煤矿安全组织进行培训次数较少或者培训质量较低时，作业人员接受培训知识的水平也会受到影响，这会直接影响作业人员对采掘作业的知识了解和掌握，并且会导致不能树立煤矿作业人员较高的安全意识。在培训过程中，若煤矿作业人员没有认真接受培训，会影响自身素质的提高和采掘作业技能的提高，同时自身对周围环境信息的感知能力也会受到影响。煤矿所处的自然环境的复杂性，使采掘作业人员在采掘作业前对作业环境的信息感知也显得尤为重要。井下环境的矿压、水压会影响人的平衡觉感知，而地温、地压情况会直接影响作业人员的触觉感知。而这些都是引起感知失误的重要原因。采掘作业人员在采煤前，需要对煤层地质构造情况进行勘探。若地质构造情况复杂，会造成作业人员需要获取的信息量较大，作业人员感知信息的准确性也会受到一定影响。在人—机—环构成的系统中，机器设备对作业人员的感知也有着十分重要的意义。矿灯等照明设备会影响视觉感知，瓦斯检测设备、监控设备会影响对瓦斯信息的感知，通信设备影响作业人员之间信息的交互，影响听觉感知。

由图 10-6 可知，直接影响感知的因素有设备可靠性、注意力、团队交互、本能、短时记忆及个人素质和经验，通过分析这六个子节点对感知的影响大小，可以推断得到影响感知的最直接最主要的影响因素，如表 10-10 所示。

表10-10   各中间节点对感知的影响大小比较

| 节点及状态 | J=c | K=c | L=c | M=c | N=c | O=c |
|---|---|---|---|---|---|---|
| 概率值变化大小/% | 5.4 | 5.4 | 2.1 | 1.7 | 2.9 | 5.6 |
| 影响大小比较 | O>J=K>N>L>M ||||||

表 10-10 的结果表明：个人素质和经验 O、设备可靠性 J 和注意力 K 是最主要的直接影响感知的因素，然后是短时记忆 N，本能 M 对感知的影响较小。其中，个人素质和经验对个人感知的影响最大，这表明，一个人的学习能力、操作技能、文化水平及工作经验等，在很大程度上对个人的感知水平起主导作用。当个人学习能力较强时，能够快速学习并掌握培训过程中所接收到的安全知识和作

业技能，从而提高自身素质和经验。当个人经验较多时，能够迅速并准确掌握在采掘作业过程中所处的环境、设备等相关信息。但当作业人员自身素质较低时，会出现不遵守操作规程及规定等情况，如在井下抽烟，上班期间酗酒、聊天等玩忽职守的现象，很容易造成对作业过程中重要信息的忽略，从而可能引发大的灾难。

而设备可靠性和注意力对于人的视觉、听觉、触觉等感知信息的能力也有较大的影响。设备可靠性是指各检测系统（安全监控、人员定位、通信联络、紧急避险、压风自救、供水施救）获得数据信息的可靠性。当安全监控系统的设备可靠性较低时，会引起作业人员感知信息出错，进而增加煤矿事故发生的可能性。当通信联络系统的设备可靠性较低时，会影响作业人员之间的信息的交互与沟通，可能会造成视觉感知、听觉感知出现偏差。注意力包括视觉注意力、听觉注意力和触觉辅助注意力。当作业人员注意力不集中时，最常出现的是视觉和听觉忽略一些信息。例如，虽然各种数据信息显示在眼前，但因为作业人员注意力不集中，造成没有注意到这些信息，或者因为注意力不集中、出神，因而没有听到队友的呼唤、求助或顶板塌陷等信息。

短时记忆对煤矿采掘作业人员感知的影响主要体现在对信息的记忆上。短时记忆的容量和编码方式都会影响对信息的记忆。本能对感知的影响主要体现在当有事故发生时，作业人员容易慌乱，而自身的求生意识，容易造成对周围所处环境的判断，可能跑到与正确的逃生方向相反的方向，从而发生意外死亡等伤害。

通过对直接影响感知的因素分析，我们得到个人素质和经验是最主要的感知的影响因素。由于该感知贝叶斯网络因果图是基于环境、任务、组织和个人因素等四个方面构建的，所以我们可以分别观察这四个因素的改变对感知的概率大小的影响。令各因素的节点均处于状态 $c$，分析哪个因素对个体作业人员感知的影响程度更大。结果如表 10-11 所示。

表10-11　四大因素对感知的影响大小比较

| 影响因素 | 环境因素 | 任务因素 | 组织因素 | 个人因素 |
|---|---|---|---|---|
| 概率值变化大小/% | 6.8 | 1.3 | 5.2 | 14.2 |
| 影响大小比较 | 14.2>6.8>5.2>1.3 | | | |

由表 10-11 分析可知，个人因素对感知的影响最大，这与已有的研究结果相对应，个人因素是造成不安全行为发生的主要原因，人的因素是影响情景意识差错的主要原因，更充分证明了个人因素是造成感知失误的主要原因。环境因素和组织因素对感知的影响相差不大，任务因素对感知的影响最小。因此，个体自身因素的改善会很大程度地影响个体感知水平。虽然自然环境、作业环境、设备环境的艰苦条件会影响作业人员的触觉、视觉、听觉、平衡觉等感知，但是最主要

的还是个人自身的技能、素质等对感知水平的影响较大。组织因素对感知的影响主要体现在对作业人员的培训，但是培训直接的影响就是作业人员技能和安全意识等综合能力和素质的提高。而任务因素会影响人的工作负荷状态，从而会影响人的精神状态和注意力。所以，综上，对感知影响最大的是个人因素。

在已构建的感知的贝叶斯网络结构模型中，影响感知的个人因素主要包括个人的精神和身体状态、个人素质和经验、注意力、短时记忆、本能。因此，根据表 10-11 的结果，可以继续分析，个人因素中各节点、各状态具体哪项对感知的影响最大。结果如表 10-12 所示。

表10-12　各个人因素对感知的影响大小比较

| 节点状态 | 节点 | | | | | 影响大小比较/% |
|---|---|---|---|---|---|---|
| | I | O | K | M | N | |
| $c$ | 2.9 | 5.6 | 5.4 | 1.7 | 2.9 | O>K>I=N>M |
| $b$ | 0.3 | 0.6 | 0.8 | 0.1 | 0.3 | K>O>I=N>M |
| $a$ | 3.8 | 4.3 | 6.6 | 1.7 | 2.8 | K>O>I>N>M |

由表 10-12 可知，各个人因素不管是在哪个状态下，个人素质和经验 O 及注意力 K 都是相对较大的影响感知的因素，这与表 10-12 的结果相一致。精神和身体状态 I 以及短时记忆 N 对感知的影响相差不大，本能 M 对感知的影响最小。

根据表 10-12 的结果，我们知道，节点状态对影响大小结果的比较影响不大。因此，在分析环境因素中的各节点对感知的影响大小比较时，我们只需观察各节点处于状态 $c$ 时的概率变化即可。结果如表 10-13 所示。

表10-13　各环境因素对感知的影响大小比较

| 节点及状态 | B=$c$ | F=$c$ | A=$c$ | H=$c$ | J=$c$ | D=$c$ |
|---|---|---|---|---|---|---|
| 概率值变化大小/% | 1.1 | 2.5 | 0.6 | 3.1 | 5.4 | 0.3 |
| 影响大小比较 | J>H>F>B>A>D | | | | | |

从表 10-13 可以看出，设备可靠性 J 和设备性能 H 构成的设备环境对感知的影响最大，作业环境 F、自然环境 B 次之。当设备测量精度低、设备出现故障、设备缺失等情况出现时，会使人感知错误的信息，从而影响对信息的正确判断与分析，造成事故的发生。例如，当瓦斯测量仪的测量精度较低时，对空气中瓦斯含量的信息获取会出现差错，从而可能引起瓦斯爆炸等事故的发生。根据采掘作业人员关于感知的任务分析，作业人员需要注意观察控制箱上的速度及显示屏上的各项参数，需要检查压力表指示、真空表读数等信息，因此机器设备的可靠性和性能高低对于人的感知水平有很大影响。

### 10.3.2 理解的主要影响因素分析

由于影响理解的因素较少，先分析各节点因素对理解的影响大小比较。方法同上，调整理解这一节点的状态，当理解状态差，即 X=c 时，只改变其中一个节点的变量，观察 X=c 的概率变化大小，结果如表 10-14 所示。

表10-14 各节点对理解的影响大小比较

| 节点及状态 | E=c | T=c | U=c | V=c | W=c | GG=c | O=c |
|---|---|---|---|---|---|---|---|
| 概率值变化大小/% | 4.5 | 5.3 | 3.7 | 11.8 | 20.5 | 10.1 | 6.2 |
| 影响大小比较 | T>E | | W>V>GG>O>U | | | | |

由已构建的理解贝叶斯网络因果图可知，培训 E 和工作设计 T 是影响理解的根本原因。由表 10-14 可知，培训 E 和工作设计 T 对理解的影响相差不大。在直接影响理解的因素中，期望 W 是主要原因，其次是心智模式 V、脑力负荷 GG、个人素质和经验 O，而记忆 U 对理解的影响最小。

工作设计主要包括工作时间的安排和工作任务量的设计。工作设计不合理，会引起作业人员的脑力负荷，从而可能造成作业人员对信息的判断出现差错。培训对理解的影响主要体现在培训会影响个人心智模式，从而影响对感知信息的判断和理解。心智模式指深植我们心中关于我们自己、别人、组织及周围世界每个层面的假设、形象和故事，并深受习惯思维、定势思维、已有知识的局限。组织培训的进行，会引起个人思维方式及知识结构的改变，从而引起个体作业人员心智模式的改变。根据与理解相关的工作任务分析，采掘作业人员需要理解有关设备的各项参数、指标的确切含义，个人的心智模式会直接影响此类相关信息的理解。此外，人在做出判断时会受主观意志的影响，人的期望会使对信息的判断出现偏差。当作业人员的脑力负荷较重时，所承受的心理压力较大，脑力工作效率，即处理信息的能力也会降低。个人素质和经验也会影响人的心智模型，从而影响理解。人在理解相关信息的含义时，会很大程度地受到个人经验的影响。

通过对各节点因素对理解影响大小的分析，接下来比较组织、任务、个人三大因素对理解的影响大小，如表 10-15 所示。

表10-15 三大因素对理解的影响大小比较

| 影响因素 | 组织因素 | 任务因素 | 个人因素 |
|---|---|---|---|
| 概率值变化大小/% | 4.5 | 10.1 | 25.9 |
| 影响大小比较 | 25.9>10.1>4.5 | | |

由表 10-15 可知，对理解影响最大的因素是个人因素，该结论与已有研究结果相一致，而组织因素和任务因素对理解的影响大小相差不大。由理解贝叶斯网

络因果图可知，影响理解的直接因素是记忆 U、心智模式 V、期望 W 和脑力负荷 GG，都是个人因素。

### 10.3.3　预测的主要影响因素分析

当预测状态差即 $Z=c$ 时，分别观察各节点处于状态差时，$Z=c$ 的概率变化情况，结果如表 10-16 所示。

**表10-16　各节点对预测的影响大小比较**

| 节点及状态 | $E=c$ | $Y=c$ | $V=c$ | $O=c$ |
|---|---|---|---|---|
| 概率值变化大小/% | 8.6 | 2.4 | 16.7 | 13.9 |
| 影响大小比较 | V>O>E>Y | | | |

由表 10-16 可知，心智模式 V 是影响预测的最主要因素，然后是个人素质和经验 O、培训 E，个人性格 Y 对预测的影响最小。心智模式是一种机制，在其中人们除了可以解释系统的功能和状态，还可以预测未来的系统状态。个人心智模式在对感知到的信息进行分析处理后，有了一定的了解，之后会做出相应的预测情况。另外，个人的经验会影响预测形势的准确性。当采掘作业人员的经验更丰富时，对于未来发生状况的预测也更为快速和准确。相反，当作业人员缺乏工作经验时，对当下情势的理解和判断不够充分，往往不能做出正确的预测和判断，对未来发展形势的估计也会出现较大偏差。而培训可以在一定程度上扩展对事故发生情况的了解，增加作业人员的经验。由于预测主要受个人因素的影响，因此个体作业人员的性格也会是影响预测的一部分。当采掘作业人员脾气急躁时，容易出现偏激现象，对未来的形势也易出现差错。个人性格包括个人脾气秉性、自控能力、责任心、细心程度等。作业人员的责任意识越强，有助于对当前情境的未来发展趋势有更为详细的判断和准确的估计。此外，个人自控能力的好坏，不仅会影响自身采掘作业的进行，还会影响团队之间的协调和合作。

通过以上对情景意识各层次的贝叶斯网络模型的分析，分别得到了影响感知、理解、预测的主要因素。之后，进一步分析影响整体情景意识可靠性的主要因素。

### 10.3.4　情景意识可靠性影响因素分析

情景意识是由感知、理解、预测这三个单元构成的一个串联系统。首先，作业人员对环境、设备等信息进行感知，其次对于感知到的信息理解分析，最后根据理解后的信息进行预测。目前，关于串联系统可靠性评估的研究有很多。李冬娜等结合模糊分析方法研究了并串联系统的可靠性[159]。邵旭飞等基于模糊层次分析法，依据熵权进行可靠性分配，最后通过实例验证了该方法的有效性[160]。孙法国等利用模糊方法对机械系统进行可靠性分配，并通过实例计算验证了此方法的适用性[161]。李志刚和李玲玲基于 D-S 证据理论提出了一种串联系统的可靠性评估法[162]。马小兵等建立了共载荷失效串联系统的可靠性分析与评估模型并利用 Monte-Carlo 模拟方法进行了验证[163]。

现有研究将层次分析法、模糊理论等与串联系统可靠性分析相结合，但是，主要还是针对工程领域机械系统可靠性，不适用于本节该串联系统的研究。张鹏等提出了具有三种工作状态的串联和并联系统的可靠性向量法[164]，该串联系统的可靠性向量方法，通过分析，适用于情景意识可靠性的分析。因此，选用该方法对情景意识可靠性的安全概率及失效概率进行度量与分析，得到煤矿作业人员情景意识可靠性的主要影响因素。

之前的分析已经得到，培训 E、个人素质和经验 O、设备完备性 A、自然环境 B、注意力 K、心智模式 V 等是影响感知、理解、预测的主要因素。因此，选定上述因素来分析对比其对情景意识的影响程度。

假设系统由 $N$ 个单元组成，系统和每个单元都有安全、中介、失效三种状态，系统可靠性可用可靠性向量 $\boldsymbol{\Phi} = \boldsymbol{P}_a + \boldsymbol{P}_b + \boldsymbol{P}_c$ 来表示，其中 $\boldsymbol{P}_a$ 表示处于安全状态的概率，简称安全概率；$\boldsymbol{P}_b$ 是中介概率；$\boldsymbol{P}_c$ 是失效概率。系统安全概率和失效概率的计算步骤如下。

（1）分别列出 $N$ 个单元的各单元的可靠性向量 $[\boldsymbol{P}_{an}, \boldsymbol{P}_{bn}, \boldsymbol{P}_{cn}], n = 1, 2, \cdots, N$。

（2）串联系统的安全概率 $\boldsymbol{P}_a$ 的递推公式为

$$\left.\begin{aligned}
\boldsymbol{P}_{a12} &= \frac{\boldsymbol{P}_{a1}\boldsymbol{P}_{a2}}{1-(1-\lambda)(1-\boldsymbol{P}_{a1})(1-\boldsymbol{P}_{a2})} \\
\boldsymbol{P}_{a123} &= \frac{\boldsymbol{P}_{a12}\boldsymbol{P}_{a3}}{1-(1-\lambda)(1-\boldsymbol{P}_{a12})(1-\boldsymbol{P}_{a3})} \\
\boldsymbol{P}_a = \boldsymbol{P}_{a12\cdots N} &= \frac{\boldsymbol{P}_{a12\cdots(N-1)}\boldsymbol{P}_{aN}}{1-(1-\lambda)(1-\boldsymbol{P}_{a12\cdots(N-1)})(1-\boldsymbol{P}_{aN})}
\end{aligned}\right\} \quad (10\text{-}5)$$

（3）串联系统的失效概率 $\boldsymbol{P}_c$ 的递推公式为

$$\left.\begin{aligned}
\boldsymbol{P}_{c12} &= 1 - \frac{(1-\boldsymbol{P}_{c1})(1-\boldsymbol{P}_{c2})}{1-(1-\lambda)\boldsymbol{P}_{c1}\boldsymbol{P}_{c2}} \\
\boldsymbol{P}_{c123} &= 1 - \frac{(1-\boldsymbol{P}_{c12})(1-\boldsymbol{P}_{c3})}{1-(1-\lambda)\boldsymbol{P}_{c12}\boldsymbol{P}_{c3}} \\
\boldsymbol{P}_c = \boldsymbol{P}_{c12\cdots N} &= 1 - \frac{(1-\boldsymbol{P}_{c12\cdots(N-1)})(1-\boldsymbol{P}_{cN})}{1-(1-\lambda)\boldsymbol{P}_{c12\cdots(N-1)}\boldsymbol{P}_{cN}}
\end{aligned}\right\} \quad (10\text{-}6)$$

其中，相关系数 $\lambda \in [0,1]$，相关性越强，$\lambda$ 值越小。

（4）计算中介概率：

$$P_b = 1 - P_a - P_c \qquad\qquad (10\text{-}7)$$

根据已构建的贝叶斯网络模型，得到感知、理解、预测分别处于好、中、差三种的概率为 $P_{ai}$、$P_{bi}$、$P_{ci}$，$i = 1,2,3$，感知为单元1，理解为单元2，预测为单元3，也即这三个单元的可靠性向量分别为：$\boldsymbol{\phi}_1 = [P_{a1}, P_{b1}, P_{c1}]$，$\boldsymbol{\phi}_2 = [P_{a2}, P_{b2}, P_{c2}]$，$\boldsymbol{\phi}_3 = [P_{a3}, P_{b3}, P_{c3}]$。

通过计算得到情境意识的可靠性向量 $[P_a, P_b, P_c]$，之后调整节点 E 的状态，令 E=c，观察并记录感知、理解、预测三者的状态概率变化，然后分别计算得到调整后的情景意识可靠性向量。节点 O、A、B、K、V 的调整过程及变化概率计算同上。

因为感知、理解、预测之间的相关关系λ不可知，所以分别取[0，1]的 11 个点为λ值，并做出对应的函数图像。调整 E=c，分别绘制情景意识可靠性的安全概率和失效概率随λ变化的曲线图，如图 10-7 和图 10-8 所示。

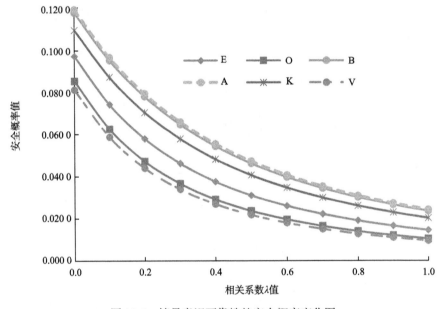

图 10-7　情景意识可靠性的安全概率变化图

由图 10-7 可知，情景意识可靠性的安全概率随着λ的增加而减小，即安全概率随着单元间相关性程度的增大而增大。当 $\lambda = 0$ 时，单元间相关性程度最高，此时如果单元 1 的安全概率高，则单元 2 处于安全状态的概率也增大，同样单元 3 的安全概率也增加，此时，整个系统的安全概率最大。此外，纵向比较图中各因素对情景意识可靠性安全概率的影响大小，可以发现，当V=c时，情景意识可

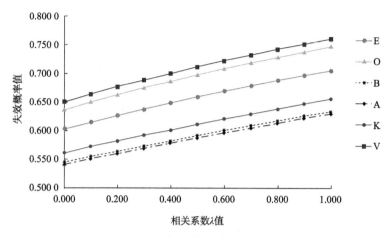

图 10-8　情景意识可靠性的失效概率变化图

靠性的安全概率最低，因此心智模式 V 对安全概率的影响最大。图 10-7 中各因素对安全概率的影响大小排序为：V>O>E>K>B>A。

由图 10-8 可知，随着 λ 值的不断增大，情景意识可靠性的失效概率也在不断增大，也即失效概率随着单元间相关性程度的增加而减小。随着 λ 值的增大，单元间的相关性程度降低，单元 1、2、3 趋向于独立，当 λ=1 时，即三个单元处于独立时，任何一个单元失效都会造成整个系统失效，此时，系统失效率变大。图 10-8 中各影响因素对情景意识可靠性的影响大小比较结果为：V>O>E>K>B>A。

根据上述分析，可以发现：心智模式对于整个系统的影响最大，个人素质和经验次之，最后是培训，上述三者是最主要的影响情景意识可靠性较大的影响因素。心智模式的状态会直接影响理解和预测的状态，从而影响情景意识可靠性。当心智模式状态差时，理解和预测这两个单元处于状态差的概率会增大，这就会造成情景意识可靠性失效概率增加。已有研究表明，个人因素是导致情景意识出现差错的主要原因。而由上述研究结果已经得到，个人素质和经验是个人因素中最重要的影响个体作业人员情景意识的因素。当作业人员缺乏经验，或个人技能、学习能力、安全意识等综合能力较低时，作业人员在对人—机—环等信息感知时可能会出现未注意到相关信息等感知失误，并且对于信息的理解判断也可能出现差错。个人经验还会直接影响到对未来情境的预测。如果作业人员有丰富的经验，更容易在事故发生前提前做出有效、正确的判断及预测，从而可以避免事故的发生，减少人员伤亡。此外，组织培训的进行，可以有效提高作业人员的技能水平和安全意识。所有煤矿作业人员在上岗前都要接受培训，包括安全教育的培训和技能培训。当个体作业人员接受培训的水平较高时，作业人员可以在开始工作任务前，做好相关的安全设施配备，并准确全面地获取采掘工作所需要的信息。同时，培训的有效进行还可以提高个人素质和心智模式水平，从而更有效地对理解和预测水平的提高提供基础。

最后，注意力 K 也会对作业人员的情景意识造成一定的影响，设备完备性 A 和自然环境 B 次之。注意力是人的感觉（视觉、听觉、味觉等）和知觉（意识、思维等）同时对一定对象的选择指向和集中。当注意力不集中时，会直接导致人的视觉、听觉、触觉等感官获取信息的正确率，从而直接影响感知水平。而设备是否完备会影响到作业人员在作业过程中能否利用相关设备获取所需的正确信息，如煤层硬度、瓦斯含量等信息。自然环境包括矿压、水压、地温、地压及煤层地质构造情况等。井下的矿压、水压、地温、地压会影响人的触觉和平衡觉感知；如果煤层地质构造情况复杂，会造成作业人员需要感知的信息量大，同时还会造成工作人员的工作负荷，从而影响感知水平。

# 10.4　本　章　小　结

本章主要分别分析了影响感知、理解、预测的主要因素，在此基础上，找出各层次的主要影响因素，并分析这些因素对情景意识可靠性的影响大小。通过计算情景意识可靠性的安全概率和失效概率，分析得到影响情景意识可靠性的主要因素。从各层次再到整体的分析，使对于煤矿采掘作业人员情景意识可靠性的研究更加系统化，从而为提高采掘作业人员的情景意识水平提供理论依据。

# 参 考 文 献

[1] Feyer A M，Williamson A，Stout N，et al. Comparison of work-related fatal injuries in the United States，Australia and New Zealand：method and overall findings[J]. Injury Prevention，2001，7（1）：22-28.

[2] 陈红，祈慧，宋学锋，等. 煤矿重大事故中管理失误行为影响因素结构模型[J]. 煤炭学报，2006，31（5）：689-696.

[3] Rasmussen J. Human errors：a taxonomy for describing human malfunction in industrial installations[J]. Journal of Occupational Accidents，1982，4（2）：311-333.

[4] Reason J. Human Error[M]. New York：Cambridge University Press，1990.

[5] Reason J. Managing the Risks of Organizational Accidents[M]. Ashgate：Gower Technical Press，1997.

[6] Hawkins F H. Human Factors in Flight[M]. Aldershot：Gower Technical Press，1987.

[7] Wiegmann D A，Shappell S A. A Human Error Analysis of Commercial Aviation Accidents Using the Human Factors Analysis and Classification System（HFACS）[R]. The Report of Office of Aviation Medicine Federal Aviation Administration，2001.

[8] Licu T，Cioran F，Hayward B，et al. EUROCONTROL-systemic occurrence analysis methodology（SOAM）a "reason" based organizational methodology for analyzing incidents and accidents[J]. Reliability Engineering and System Safety，2007，92（9）：1162-1169.

[9] Shappell S A，Wiegmann D A. A Human Error Analysis of General Aviation Controlled Flight Into Terrain Accidents Occurring Between 1990-1998[R]. The Report of Office of Aviation Medicine Federal Aviation Administration，2003.

[10] Li W C，Harris D，Yu C S. Routes to failure：analysis of 41 civil aviation accidents from the Republic of China using the human factors analysis and classification system[J]. Accident Analysis and Prevention，2008，40（2）：426-434.

[11] Harris D，Li W C. An extension of the human factors and classification systems for use in open systems[J]. Theoretical Issues in Ergonomics Science，2011，12（2）：108-128.

[12] Wiegmann D A，Shappell S A. Human Error and General Aviation Accidents：A

Comprehensive, Fine-Grained Analysis Using HFACS[R]. The Report of Office of Aviation Medicine Federal Aviation Administration, 2005.

[13] Shappell S, Detwiler C, Holcomb K. Human error and commercial aviation accidents: an analysis using the human factors analysis and classification system[J]. Human Factors, 2007, 49（2）: 227-242.

[14] Shappell S A, Wiegmann D A. A methodology for assessing safety programs targeting human error in aviation[J]. The International Journal of Aviation Psychology, 2009, 19（3）: 252-269.

[15] Krulak D C. Human factors in maintenance: impact on aircraft mishap frequency and severity[J]. Aviation, Space, and Environmental Medicine, 2004, 75（5）: 429-432.

[16] Daramola A Y. An investigation of air accidents in Nigeria using the human factors analysis and classification system（HFACS）framework[J]. Journal of Air Transport Management, 2014, 35（3）: 39-50.

[17] Connor P O. HFACS with an additional layer of granularity: validity and utility in accident analysis[J]. Aviation, Space, and Environmental Medicine, 2008, 79（6）: 599-606.

[18] 吕春玉. 人为因素分析与分类系统（HFACS）及事故个例分析[J]. 中国民航飞行学院学报, 2009, 20（2）: 37-40.

[19] 孙瑞山. 航空人为差错事故/事件分析（ECAR）模型研究[J]. 中国安全科学学报, 2012, 22（2）: 17-22.

[20] 张凤, 于广涛, 李永娟, 等. 影响我国民航飞行安全的个体与组织因素——基于 HFACS 框架的事件分析[J]. 中国安全科学学报, 2007, （10）: 67-74.

[21] Milligan F J. Establishing a culture for patient safety—the role of education[J]. Nurse Education Today, 2007, 27（2）: 95-102.

[22] Eibardissi A W, Wiegmann D A, Dearani A J, et al. Application of the human factors analysis and classification system methodology to the cardiovascular surgery operating room[J]. The Annals of Thoracic Surgery, 2007, 83（4）: 1412-1419.

[23] Baysari M T, McIntosh A S, Wilson J R. Understanding the human factors contribution to railway accidents and incidents in australia[J]. Accident Analysis and Prevention, 2008, 40（5）: 1750-1757.

[24] Celika M, Cebib S. Analytical HFACS for investigating human errors in shipping accidents[J]. Accident Analysis and Prevention, 2009, 41（1）: 66-75.

[25] Wang Y F, Xie M, Chin K S, et al. Accident analysis model based on Bayesian network and evidential reasoning approach[J]. Journal of Loss Prevention in the Process Industries, 2013, 26（1）: 10-21.

[26] Lenné M G, Salmon P M, Liu C C, et al. A systems approach to accident causation in

mining: an application of the HFACS method[J]. Accident Analysis and Prevention, 2012, 48: 111-117.

[27] Patterson J M, Shappell S A. Operator error and system deficiencies: analysis of 508 mining incidents and accidents from Queensland, Australia using HFACS[J]. Accident Analysis and Prevention, 2010, 42: 1379-1385.

[28] Patterson J M. The development of an accident/incident investigation system for the mining industry based on the human factors analysis and classification system (HFACS) framework[C]. Queensland Mining Industry Health & Safety Conference, Townsville, Australia, 2008.

[29] 宋泽阳, 任建伟, 程红伟, 等. 煤矿安全管理体系缺失和不安全行为研究[J]. 中国安全科学学报, 2011, 21(11): 128-135.

[30] 陈兆波, 曾建潮, 董追, 等. 基于 HFACS 的煤矿安全事故人因分析[J]. 中国安全科学学报, 2013, 23(7): 116-121.

[31] 陈兆波, 刘媛媛, 曾建潮, 等. 煤矿安全事故人因分析的一致性研究[J]. 中国安全科学学报, 2014, 24(2): 145-150.

[32] 陈兆波, 雷煜斌, 曾建潮, 等. 煤矿安全事故人因的灰色关联分析[J]. 煤炭工程, 2015, 47(4): 145-148.

[33] Skalle P, Aamodt A, Laumann K. Integrating human related errors with technical errors to determine causes behind offshore accidents[J]. Safety Science, 2014, 63(3): 179-190.

[34] 田水承, 徐磊, 陈婷. 基于 Reason 模型的煤矿事故致因分析[J]. 煤矿安全与环保, 2009, 36(3): 81-83.

[35] 刘志勤. "瑞士奶酪模型"用于临床风险管控[J]. 医院院长论坛, 2013, (5): 25-32.

[36] Shappell S A, Wiegmann D A. A human error approach to accident investigation: the taxonomy of unsafe operations[J]. The International Journal of Aviation Psychology, 1997, 7(4): 269-291.

[37] Shappell S A, Wiegmann D A. Failure analysis classification system: a human factors approach to accident investigation[C]. SAE: Advances in Aviation Safety Conference and Exposition, Daytona Beach, FL, 1998.

[38] Shappell S A, Wiegmann D A. Human factors analysis of aviation accident data: developing a needs-based, data-driven, safety program[C]. Proceedings of the Fourth Annual Meeting of the Human Error, Safety, and System Development Conference, Liege, Belgium, 1999.

[39] Shappell S A, Wiegmann D A. The human factors analysis and classification system (HFACS) [R]. Washington DC: Federal Aviation Administration, 2000.

[40] Shappell S A, Wiegmann D A. Applying reason: the human factors analysis and classification system (HFACS) [J]. Human Factors and Aerospace Safety, 2001, 1(1): 59-86.

[41] Olsen N S, Shorrock S T. Evaluation of the HFACS-ADF safety classification system: inter-coder consensus and intra-coder consistency[J]. Accident Analysis and Prevention, 2010, 42（2）: 437-444.

[42] 乔楠, 陈兆波, 曾建潮, 等. 煤矿安全事故人因分析结果的群决策集结方法[J]. 中国安全科学学报, 2016, 26（5）: 129-134.

[43] 乔楠, 陈兆波, 阴东玲, 等. 基于群决策理论的煤矿安全事故人因分析结果集结方法[J]. 煤矿安全, 2016, 47（10）: 235-237, 241.

[44] 周爽, 朱志洪, 朱星萍. 社会统计分析: SPSS 应用教程[M]. 北京: 清华大学出版社, 2006.

[45] 梁樑, 熊立, 王国华. 一种群决策中专家客观权重的确定方法[J]. 系统工程与电子技术, 2005, 27（4）: 652-655.

[46] 宋光兴, 邹平. 多属性群决策中决策者权重的确定方法[J]. 系统工程, 2001, 19（4）: 83-89.

[47] 刘万里. 关于 AHP 中逆判问题的研究[J]. 系统工程理论与实践, 2001, 21（4）: 133-136.

[48] 肖秦琨. 贝叶斯网络在智能信息处理中的应用[M]. 北京: 国防工业出版社, 2012.

[49] 陈兆波, 阴东玲, 曾建潮, 等. 基于贝叶斯网络的煤矿事故人因推理[J]. 中国安全生产科学技术, 2014, 10（11）: 145-150.

[50] 阴东玲, 陈兆波, 曾建潮, 等. 煤矿作业人员不安全行为的影响因素分析[J]. 中国安全科学学报, 2015, 25（12）: 151-156.

[51] 阴东玲, 陈兆波, 曾建潮, 等. 基于带权重定性贝叶斯网络的煤矿事故人因推理[J]. 武汉理工大学学报（信息与管理工程版）, 2017, 39（1）: 514-518.

[52] 胡书香, 莫俊文, 赵延龙. 基于贝叶斯网络的工程项目质量风险管理[J]. 兰州交通大学学报, 2013, 32（1）: 44-48.

[53] 叶跃祥, 糜仲春, 王宏宇, 等. 基于贝叶斯网络的不确定环境下多属性决策方法[J]. 系统工程理论与实践, 2007, （4）: 107-125.

[54] 张连文, 郭海鹏. 贝叶斯网引论[M]. 北京: 科学出版社, 2006.

[55] 徐磊. 基于贝叶斯网络的突发事件应急决策信息分析方法研究[D]. 哈尔滨工业大学博士学位论文, 2013.

[56] 周三多. 管理学[M]. 北京: 中国石化出版社, 2010.

[57] 武予鲁. 煤矿本质安全管理[M]. 北京: 化学工业出版社, 2009.

[58] 隋鹏程, 陈宝智, 隋旭. 安全原理[M]. 北京: 化学工业出版社, 2005.

[59] 张一文, 齐佳音, 方滨兴, 等. 基于贝叶斯网络建模的非常规危机事件舆情预警研究[J]. 图书情报工作, 2012, 56（2）: 76-81.

[60] 林文闻, 黄淑萍. 基于贝叶斯网络的组织因素对船员疲劳的影响分析[J]. 中国安全科学学报, 2013, 23（6）: 26-31.

[61] 于超, 刘洋, 樊治平. 突发事件情景概率估计的主客观信息集成方法[J]. 电子科技大学学

报，2012，3（14）：54-59.

[62] Li P C, Chen G H, Dai L C, et al. A fuzzy Bayesian network approach to improve the quantification of organizational influences in HRA frameworks[J]. Safety Science，2012，50（7）：1569-1583.

[63] Renooij S, Witteman C. Talking probabilities：communicating probabilistic information with words and numbers[J]. International Journal of Approximate Reasoning，1999，22（3）：169-194.

[64] Witteman C, Renooij S. Evaluation of a verbal-numerical probability scale[J]. International Journal of Approximate Reasoning，2003，33（2）：117-131.

[65] van der Gaag L C, Renooij S, Witteman C L M, et al. Probabilities for a probabilistic network：a case study in oesophageal cancer[J]. Artificial Intelligence in Medicine，2002，25（2）：123-148.

[66] Piercey M D. Motivated reasoning and verbal vs. numerical probability assessment：evidence from an accounting context[J]. Organizational Behavior and Human Decision Processes，2009，108（2）：330-341.

[67] 许洁虹，李纾. 英语文字的概率表达[J]. 经济数学，2008，25（1）：101-110.

[68] 杜雪蕾，许洁虹，苏寅，等. 用文字概率衡量不确定性：特征和问题[J]. 心理科学进展，2012，20（5）：651-661.

[69] Huizingh E K R E, Vrolijk H C J. A comparison of verbal and numerical judgments in the analytic hierarchy process[J]. Organizational Behavior and Human Decision Processes，1997，70（3）：237-247.

[70] Budescu D V, Karelitz T M, Wallsten T S. Predicting the directionality of probability words from their membership functions[J]. Journal of Behavioral Decision Making，2003，16（3）：159-180.

[71] 马德仲，周真，于晓洋，等. 基于模糊概率的多状态贝叶斯网络可靠性分析[J]. 系统工程与电子技术，2012，34（12）：2607-2611.

[72] 兰蓉，范九伦. 三角模糊数上的完备度量及其在决策中的应用[J]. 系统工程学报，2010，25（3）：313-319.

[73] 严慧鑫. 贝叶斯网精确推理算法的研究[D]. 吉林大学硕士学位论文，2006.

[74] 李万帮，肖东生. 事故致因理论述评[J]. 南华大学学报（社会科学版），2007，8（1）：57-61.

[75] Heinrich H W. Industrial Accident Prevention[M]. New York：McGraw Hill，1979.

[76] 李江. 煤矿动态安全评价及预测技术研究[D]. 中国矿业大学博士学位论文，2008.

[77] Asfahl C R. Industrial Safety and Healthy Management[M]. Upper Saddle River：Prentice Hall，1999.

[78] Sheirf Y S. On risk & risk analysis[J]. Reliability Engineering and System Safety，1991，31（2）：155-178.

[79] 陈宝智. 危险源辨识、控制及评价[M]. 成都：四川科学技术出版社，1996 .

[80] Skalle P，Aamodt A，Laumann K. Integrating human related errors with technical errors to determine causes behind offshore accidents[J]. Safety Science，2014，63（3）：179-190.

[81] 范秀山. 事故致因理论：缺陷塔模型[J]. 中国安全科学学报，2012，22（2）：3-8.

[82] 傅贵，殷文韬，董继业，等. 行为安全"2-4"模型及其在煤矿安全管理中的应用[J]. 煤炭学报，2013，38（7）：1123-1129.

[83] 傅贵，杨春，殷文韬，等. 行为安全"2-4"模型的扩充版[J]. 煤炭学报，2014，39（6）：994-999.

[84] 张文江，宋振骐. 煤矿重大事故控制研究的现状与方向[J]. 山东科技大学学报，2006，25（1）：5-9.

[85] 苗德俊. 煤矿事故模型与控制方法研究[D]. 山东科技大学硕士学位论文，2004.

[86] 董追，李亨英，陈兆波，等. 基于 HFACS 的煤矿安全事故编码研究[J]. 煤矿安全，2014，45（11）：243-245.

[87] 张涛，王明晓. 2001—2008 年全国煤矿安全事故报告资料统计分析[A]. 中华医学会急诊医学分会全国急诊医学学术年会大会，2010，21（2）：177-178.

[88] 孙继平. 煤矿安全监控技术与系统[J]. 煤炭科学技术，2010，38（10）：1-4.

[89] 孙继平. 煤矿井下安全避险"六大系统"的作用和配置方案[J]. 工矿自动化，2010，36（11）：1-4.

[90] 张跃廷，苏宇，贯伟红. ASP.NET 程序开发范例宝典（C#）[M]. 第2版. 北京：人民邮电出版社，2009.

[91] 国家 863 中部软件孵化器. ASP.NET 从入门到精通[M]. 北京：人民邮电出版社，2010.

[92] 向旭宇，秦姣华. SQL Server 2008 宝典[M]. 北京：中国铁道出版社，2011.

[93] 李俊. 基于 CBR 的危险化学品事故数据库的研究[D]. 江苏大学硕士学位论文，2009.

[94] Maiti J，Vivek V，Ray P K. Severity analysis of Indian coal mine accidents-a retrospective study for 100 years[J]. Safety Science，2009，47：1033-1042.

[95] Groves W A，Kecojevic V J，Komljenovic D. Analysis of fatalities and injuries involving mining equipment[J]. Journal of Safety Research，2007，38（4）：461-470.

[96] Niu H Y，Deng J，Zhou X Q，et al. Association analysis of emergency rescue and accident prevention in coal mine[J]. Procedia Engineering，2012，43：71-75.

[97] Wang L，Chen Y P，Liu H Y. An analysis of fatal gas accidents in Chinese coal mines[J]. Safety Science，2014，62：107-113.

[98] 周心权，陈国新. 煤矿重大瓦斯爆炸事故致因的概率分析及启示[J]. 煤炭学报，2008，33（1）：42-46.

[99] Zhang W H. Causation mechanism of coal miners' human errors in the perspective of life events[J]. International Journal of Mining Science and Technology，2014，24（4）：581-586.

[100] Li X G，Song X F，Meng X F. Fatal gas accident prevention in coal mine：a perspective from management feedback complexity[J]. Procedia Earth and Planetary Science，2009，1（1）：1673-1677.

[101] 张瑞林，鲜学福，闫江伟，等. 基于事故树分析的瓦斯突出控制因素研究[J]. 中国矿业，2005，14（5）：14-16.

[102] 林泽炎. 人为事故预防学[M]. 哈尔滨：黑龙江教育出版社，1998.

[103] 陈红. 中国煤矿重大事故中的不安全行为研究[M]. 北京：科学出版社，2006.

[104] 郭涛，张代远. 基于关联规则数据挖掘 Apriori 算法的研究与应用[J]. 计算机技术与发展，2011，21（6）：101-103.

[105] 乌文波. 应用 Apriori 关联规则算法的数据挖掘技术挖掘电子商务潜在客户[D]. 浙江工业大学硕士学位论文，2012.

[106] 武晓娟. 煤矿生产需坚守安全红线[N]. 中国能源报，2015-01-12.

[107] 雷煜斌，陈兆波，曾建潮，等. 基于关联规则的煤矿瓦斯事故致因链研究[J]. 煤矿安全，2016，47（8）：240-243.

[108] 孙开畅，周剑岚，孙志禹，等. 基于 $\chi^2$ 检验的施工安全监管中行为因素关联分析[J]. 武汉大学学报（工学版），2012，45（4）：481-484.

[109] 刘思峰，党耀国，方志耕. 灰色系统理论及其应用[M]. 北京：科学出版社，2010.

[110] 李鹏程，王以群，张力. 人误原因因素灰色关联分析[J]. 系统工程理论与实践，2006，26（3）：131-134.

[111] 霍志勤，谢孜楠，张永一. 航空事故调查中人的因素安全建议框架研究[J]. 中国安全生产科学技术，2011，7（2）：91-97.

[112] 常悦. 基于煤矿人因事故影响因素的安全防范体系研究[D]. 太原理工大学硕士学位论文，2012.

[113] Endsley M R. Towards a theory of situation awareness in dynamic systems[J]. Human Factory，1995，37（1）：32-64.

[114] Nullmeyer R T，Stella D，Montijo G A，et al. Human factors in air force flight mishaps：implications for change[C]. Proceedings of the 27th Annual Interservice/Industry Training，Simulation，and Education Conference，National Training Systems Association，2005.

[115] Durso F T，Gronlund S D. Situation awareness[A]//Durso F T，Nickerson R S，Schvaneveldt R W，et al. Handbook of Applied Cognition[C]. New York：John Wiley and Sons Ltd.，1999：283-314.

[116] Endsley M R，Garland D J. Situation Awareness Analysis and Measurement[M]. Hillsdale：

Erlbaum，2000.

[117] Endsley M R，Bolte B，Jones D G. Designing for Situation Awareness：An Approach to User-Centred Design [M]. London：Taylor & Francis，2003.

[118] Salmon P M，Stanton N A，Walker G H，et al. What is going on? Review of situation awareness models for individuals and teams[J]. Theoretical Issues in Ergonomics Science，2008，9（4）：297-323.

[119] Shu Y，Furuta K. 2005. An inference method of team situation awareness based on mutual awareness[J]. Cognition Technology and Work，2005，7：272-287.

[120] Salmon P M，Stanton N A. Situation awareness and safety：contribution or confusion? Situation awareness and safety editorial[J]. Safety Science，2013，56（5）：1-5.

[121] Walker G H，Stanton N A，Kazi T A，et al. Does advanced driver training improve situational awareness? [J]. Applied Ergonomics，2009，40（4）：678-687.

[122] Young K L，Salmon P M，Cornelissen M. Missing links? The effects of distraction on driver situation awareness[J]. Safety Science，2013，56（5）：36-43.

[123] 李鹏程，张力，戴立操，等. 核电厂操纵员的模型与失误辨识研究[J]. 中国安全科学学报，2014，24（4）：56-61.

[124] 戴立操，肖东生，陈建华，等. 核电厂操纵员情景意识评价模型[J]. 系统工程，2012，30（11）：83-88.

[125] 李鹏程，张力，戴立操，等. 核电厂数字化主控室操纵员的情景意识可靠性模型[J]. 系统工程理论与实践，2016，36（1）：243-252.

[126] 王永刚，陈道刚. 基于结构方程模型的管制员情境意识影响因素研究[J]. 中国安全科学学报，2013，23（7）：19-25.

[127] 杨家忠，Rantanen E M，张侃. 交通复杂度因素对空中交通管制员脑力负荷与情境意识的影响[J]. 心理科学，2010，33（2）：368-371.

[128] 谭鑫，牟海鹰. 空中交通管制员的情境意识与航空安全[J]. 中国安全生产科学技术，2006，2（5）：99-102.

[129] 柳忠起，袁修干，刘伟，等. 飞行员注意力分配的定量测量方法[J]. 北京航空航天大学学报，2006，32（5）：518-520.

[130] Sawaragi T，Murasawa K. Simulating behaviors of human situation awareness under high workloads[J]. Artificial Intelligence in Engineering，2001，15（4）：365-381.

[131] Sneddon A，Mearns K，Flin R. Stress，fatigue，situation awareness and safety in offshore drilling crews[J]. Safety Science，2013，56：80-88.

[132] Stanton N A，Salmon P M，Walker G H，et al. Human Factors Methods：A Practical Guide for Engineering and Design[M]. Aldershot：Ashgate，2005.

[133] Endsley M R. A survey of situation awareness requirements in air-to-air combat fighters[J].

The International Journal of Aviation Psychology, 1993, 3（2）: 157-168.

[134] Endsley M R. Measurement of situation awareness in dynamic systems[J]. Human Factor, 1995, 37（1）: 65-84.

[135] Taylor R M. Situation awareness rating technique（SART）: the development of a tool for aircrew systems design[A]. Situation Awareness in Aerospace Operations, 1990.

[136] Gugerty L J. Situation awareness during driving: explicit and implicit knowledge in dynamic spatial memory[J]. Journal of Experimental Psychology: Applied, 1997, 3（1）: 42-66.

[137] Sarter N B, Woods D D. Situation awareness a critical but ill-defined phenomenon[J]. International Journal of Aviation Psychology, 1991, 51（3）: 367-384.

[138] Smolensky M W. Toward the physiological measurement of situation awareness: the case for eye movement measurements[C]. Proceedings of the Human Factors and Ergonomics Society 37th Annual Meeting, Santa Monica, 2003.

[139] 靳慧斌, 蔡亚敏, 洪远. 模拟管制中管制员注视转移特征研究[J]. 中国安全科学学报, 2014, 24（10）: 65-70.

[140] 马勇, 付锐, 王畅, 等. 视觉分心时驾驶人注视行为特性分析[J]. 中国安全科学学报, 2013, 23（5）: 10-14.

[141] Salmon P M, Stanton N A, Walker G H, et al. Situation awareness measurement: a review of applicability for C4i environments[J]. Applied Ergonomics, 2006, 37（2）: 225-238.

[142] Salmon P M, Stanton N A, Walker G H, et al. Distributed Situation Awareness: Theory, Measurement and Application to Teamwork[M]. Farnham: Ashgate Publishing Limited, 2009.

[143] Nazir S, Sorensen L J, Øvergard K I, et al. Impact of training methods on distributed situation awareness of industrial operators[J]. Safety Science, 2015, 73: 136-145.

[144] 孙林岩, 李志孝, 金天拾. 认知综合模型及其在人机界面设计中的应用[J]. 西安交通大学学报, 1997, 31（S1）: 74-81.

[145] 吴旭, 完颜笑如, 庄达民. 多因素条件下注意力分配建模[J]. 北京航空航天大学学报, 2013, 39（8）: 1086-1090.

[146] 刘双, 完颜笑如, 庄达民, 等. 基于注意资源分配的情境意识模型[J]. 北京航空航天大学学报, 2014, 40（8）: 1065-1072.

[147] Naderpour M, Lu J, Zhang G Q. An abnormal situation modeling method to assist operators in safety-critical systems[J]. Reliability Engineering and System Safety, 2015, 133（1）: 33-47.

[148] Naderpour M, Lu J, Zhang G Q. A situation risk awareness approach for process systems safety[J]. Safety Science, 2014, 64: 173-189.

[149] Naderpour M, Lu J, Zhang G Q. An intelligent situation awareness support system for safety-critical environments[J]. Decision Support Systems, 2014, 59: 325-340.

[150] Luokkala P，Virrantaus K. Developing information systems to support situational awareness and interaction in time-pressuring crisis situations[J]. Safety Science，2014，63（4）：191-203.

[151] 陈宝智. 安全原理[M]. 第2版. 北京：冶金工业出版社，2002.

[152] 郭伏，钱省三. 人因工程学[M]. 北京：机械工业出版社，2007.

[153] 郭国政. 煤矿安全技术与管理[M]. 北京：冶金工业出版社，2006.

[154] 戈尔茨坦 E. 认知心理学：心智、研究与你的生活[M]. 第3版. 张明等译. 北京：中国轻工业出版社，2015.

[155] 闫少华. 基于信息加工模型的管制员差错分类与分析[J]. 中国安全科学学报，2009，19（8）：121-125.

[156] 格里格 R，津巴多 P G. 心理学与生活[M]. 第16版. 王垒，王甦等译. 北京：人民邮电出版社，2003.

[157] 刘伟，袁修干. 人机交互设计与评价[M]. 北京：科学出版社，2008.

[158] Roed W，Mosleh A，Vinnem J E，et al. On the use of the hybrid causal logic method in offshore risk analysis[J]. Reliability Engineering and System Safety，2009，94（2）：445-455.

[159] 李冬娜，张民悦，马长青. 并串联系统的模糊可靠性分析[J]. 甘肃科学学报，2007，19（4）：141-144.

[160] 邵旭飞，宋保维，毛昭勇，等. 串联系统可靠性分配的模糊层次分析方法[J]. 弹箭与制导学报，2007，27（1）：250-253.

[161] 孙法国，宋笔锋，韩斐. 基于粗糙集和模糊理论的机械串联系统可靠性分配方法[J]. 机械设计，2009，26（3）：72-75.

[162] 李志刚，李玲玲. 串联系统的可靠性评估方法[J]. 电工技术学报，2011，26（1）：146-153.

[163] 马小兵，谷若星，秦晋，等. 指数分布单元共载荷失效串联系统可靠性分析与评估模型[J]. 系统工程与电子技术，2014，36（3）：608-612.

[164] 张鹏，胡秀庄，孙鸿玲. 失效相关下串联和并联工程系统的可靠性向量方法[J]. 四川大学学报（工程科学版），2004，36（1）：1-6.